Hühner

Ein Portrait
von
Nicole Gronemeyer

NATURKUNDEN

NATURKUNDEN № 103

herausgegeben von Judith Schalansky
bei Matthes & Seitz Berlin

Inhalt

Portraits

Vom Ei

ex ovo omnia

WILLIAM HARVEY

Wer wie ich Mitte der Siebzigerjahre in einer norddeutschen Bauernfamilie aufgewachsen ist, hat miterlebt, wie die Eltern ebenso wie die anderen Landwirte im Dorf vor einer Alternative standen, die allen als Naturgesetz erschien: wachsen oder weichen. Die Hungerjahre nach dem Zweiten Weltkrieg lagen noch nicht allzu weit zurück, und in einer prosperierenden Gesellschaft sollte der Wohlstand der Bevölkerung mit preiswerten Lebensmitteln gedeihen. Anders als im Osten Deutschlands blieb das Eigentum an Grund und Boden in den Händen der Bauern, um es in der Regel in rein männlicher Erbfolge an den ältesten Sohn weiterzugeben. Doch auch im Westen war der Umbau der Landwirtschaft umfassend, um mit geringem Personaleinsatz zu niedrigen Kosten hohe Erträge zu produzieren. Es wurden Fluren ›bereinigt‹, damit aus kleinen Feldern durch Zusammenlegung und Entfernen der Feldraine große Flächen wurden, die sich mit größeren Maschinen effektiver bearbeiten ließen. Und während meine Großeltern noch ein buntes Sammelsurium an Vieh für die eigene Ernährung und die des Gesindes oder als Arbeitstiere hielten, so blieb bei meinen Eltern neben ein paar Schafen und Enten nur noch eine Tierart übrig: das Schwein.

Die Deutschen nennen ihn den »gehosten« Hahn, schreibt Ulisse Aldrovandi 1600 in seiner Ornothologiae *über dieses ausgestorbene federfüßige Exemplar mit Kronenkamm.*

Als Kind war es für mich ein gewohntes Bild, Hunderte von Schweinen auf Betonspalten über Kotgruben stehen zu sehen, die ihren Stall nie verlassen konnten, bis es zum Schlachthof ging. Um den Betrieb auf intensive Schweinemast umzustellen, nahmen meine Eltern Kredite auf, bauten neue Ställe und kauften Ackergerät für den Futteranbau. Sie gehörten zu der Hälfte der ›Wachser‹, nicht zu der der ›Weicher‹, wie viele Nachbarn, die zu wenig Land oder Kapital besaßen – oder keine Nachfolger fanden, die jeden Tag im Stall stehen wollten. *Erst die*

Arbeit und dann? des Landwirtschaftslehrlings Detlev Buck aus Schleswig-Holstein wurde in den frühen Achtzigern auch in Niedersachen zum Kultfilm der Bauernjugend. Während Anfang der Sechzigerjahre noch etwa 20 Prozent der Bevölkerung in meinem Heimatdorf ihr Einkommen aus der Landwirtschaft bezogen, hat sich die Zahl der Höfe bis 1990 auf 17 Vollerwerbsbetriebe mehr als halbiert. Heute sind es noch fünf. Das Dorf ist sehr still geworden.

Ich muss etwa 10 Jahre alt gewesen sein, als mir ein Nachbar ein Hühnerei schenkte. Ich schob es unter eine Ente, die begonnen hatte zu brüten, wusste aber nicht, dass ein Hühnerküken nach 21 Tagen schlüpft, während Enten noch eine Woche länger brauchen. So piepste also nach drei Wochen ein flaumweiches braunes Hühnerküken unter einer hochgradig nervösen Ente, die hin- und hergerissen war zwischen dem Wunsch, mit ihrem Küken aufzustehen, und einer großen Anzahl von Eiern, die weiter gewärmt werden wollten. Um ihre Brut zu retten, blieb mir nichts anderes übrig, als ihr das Küken wegzunehmen. Es zog zu mir ins Kinderzimmer, was für ein Schulkind eine echte Herausforderung war. Das Küken folgte mir auf Schritt und Tritt, reagierte auf meine Lockrufe und Futterangebote und ließ sich gerne von mir wärmen. Aber man musste höllisch aufpassen, wo man hintrat, wenn es einem flink zwischen die Füße lief. Und der Trick, ihm die Nacht in einem dunklen Pappkarton zu verlängern, damit es schlief, bis ich aus der Schule zurück war, funktionierte auch nicht lange, dann empfing mich sein durchdringendes Verlassenheitsrufen schon an der Haustür. Aber es wuchs trotz allem schnell heran und wurde zu einem stolzen roten Italienerhahn mit schwarzen Schwanzfedern, rotem Kamm und gelben Beinen. Hennen bekam er auch noch dazu, sodass die nächsten Küken dann keine Mädchenglucke mehr brauchten.

Am Anfang meiner Reise zum Huhn steht also ein Ei, denn, um diese Frage gleich zu beantworten, nicht die Henne war zuerst da, sondern das Ei. Das erste Huhn schlüpfte aus einem Ei, das von einem Vogel gelegt wurde, der eben noch kein Huhn war. Erst durch Vermischung und Mutation der elterlichen Gene entstand ein Nachkomme mit neuen Merkmalen, der seitdem als Huhn bezeichnet wird. Doch was evolutionsbiologisch eindeutig ist, kann weltanschaulich betrachtet nicht wirklich zufriedenstellen. Warum ist das Rätsel, was zuerst da war, so bedeutsam, dass für Goethe mit seiner Lösung sogar der »Streit um den Gott« geschlichtet wäre?

Die Frage nach dem Anfang ist tief in unserem kollektiven Gedächtnis verankert und eng mit dem Ei als Ursprung der Schöpfung verbunden. In vielen Kulturen finden sich kosmische Mythen vom Ur-Ei, aus dem Himmel und Erde hervorgehen oder ein göttliches Wesen schlüpft, das die Welt erschafft. In der chinesischen Mythologie ist es Pangu, der aus dem Urchaos in Form eines Hühnereies geboren wird und das Universum aus sich selbst erzeugt. Die griechische Antike kennt die Überlieferung vom silbernen Weltenei des Chronos, der Verkörperung der Zeit, aus dem der Lichtgott Phanes hervortritt. In einem orphischen Hymnus wird er angerufen als »Urwesen, doppelgestaltiger, ätherdurchfliegender Riese, / der du dem Ei entschlüpftest, prangend mit goldenen Schwingen, / brüllend so laut wie ein Stier, du Ursprung der Götter und Menschen«.

Bis in die jüngste Zeit findet sich die Idee der *kosmogonía*, der Erzeugung der Welt aus dem Ei. Als der belgische Astrophysiker und Theologe Georges Lemaître vor rund 100 Jahren die Urknalltheorie begründete, sprach er von einem »kosmischen Ei, das im Moment der Entstehung des Universums explodierte«. Er vertrat die bis heute gültige Auffassung, dass das Universum aus einem Uratom entstanden ist, in dem alle Materie komprimiert vorhanden war, die sich seitdem ausdehnt.

Das Ei steht auch für das Verständnis der irdischen Lebensvollzüge, es wird mit dem Frühling assoziiert, denn wie aus der harten, leblosen Kalkschale neues Leben hervorbricht, so auch aus der unbelebten Natur. Auf dieses Sinnbild des Lebens greifen die Religionen zurück, die ihre höchsten Feste im Frühling feiern. Hier ist das Ei Symbol und Speise zugleich. Im Nouroz genannten persischen Neujahrsfest, das auf die vorislamische Religion des Zoroastrismus zurückgeht, stehen bemalte Eier genauso wie im ägyptischen Frühlingsfest für Fruchtbarkeit. Als Grabbeigabe symbolisieren sie die Hoffnung auf ein Weiterleben nach dem Tod. Beim Sedermahl zu Beginn des Pessachfestes liegt traditionell ein hartgekochtes Ei auf dem Teller, das an das Tieropfer im zerstörten Jerusalemer Tempel erinnert und die Zerbrechlichkeit, aber auch den Kreislauf des Lebens symbolisiert. Christen verbinden das rot gefärbte Ei mit dem vergossenen Blut und der Auferstehung Christi an Ostern. Dass die orthodoxen Ikonen mit Tempera, also mit Farbpigmenten in Eigelb gemalt sind, führt diese Symbolik bis in die Materialität hinein fort.

Zu den bekanntesten Darstellungen der Verbindung von Ei, Fruchtbarkeit und Geburt gehören der rätselhafte *Garten der*

Lüste (um 1500) von Hieronymus Bosch, in dem die Menschen aus dem Wasser zurück ins Ei schlüpfen, oder die *Pala Montefeltro*, ein Altarbild von Piero della Francesca von 1472, das die betende Madonna das Jesuskind auf ihrem Schoß balancierend zeigt. Das Dach über ihrem Kopf bildet eine Jakobsmuschel, aus der an einer Kette ein Ei herabhängt, das Licht und Schatten zu trennen scheint. Muschel und Ei stehen hier nicht nur für die Auferstehung Jesu, sondern auch für die unbefleckte Empfängnis Mariens. Sie ist das reine Gefäß, in das Gott seinen Sohn gelegt hat. In Salvador Dalís *Metamorphose des Narziss* (1937) bedarf es des weiblichen Körpers nicht mehr: Hier erzeugt der in sich versunkene Narziss seine gleichnamige Blume als Kopfgeburt, die aus dem Ei hervorbricht, während er selbst versteinert zurückbleibt. Daher scheint es nicht abwegig, die männliche Schöpferkraft mit dem Neid auf die weibliche Fruchtbarkeit in Verbindung zu bringen, wie es einige Psychoanalytiker getan haben, die vom Gebärneid sprechen. Eine Variation dieses Themas hat der französische Künstler Abraham Poincheval 2017 im Palais de Tokyo in Paris gezeigt. In einer ersten Performance *Pierre* (»Stein«) ließ er sich eine Woche lang in einen Kalksteinblock einschließen, um in der darauf folgenden Performance *Œuf* (»Ei«) drei Wochen lang auf einer Art Brutstuhl in einem Plexiglaskasten sitzend Hühnereier auszubrüten, die dann zu Ostern schlüpften. Dieses leibhaftige Reenactment von Grablegung und Auferstehung Jesu steht auch in einer Darstellungstradition, die seit Albrecht Dürers *Selbstbildnis im Pelzrock* (1500) die Gottesebenbildlichkeit des Künstlers vorzeigt.

Die Pala Montefeltro *von Piero della Francesca zeigt die überlebensgroße Madonna mit Jesuskind, umringt von Heiligen, Engeln und dem Stifter Federico da Montefeltro, in der Apsis beschirmt von Jakobsmuschel und Ei.*

»Nimm das Ey und zerspalte es mit dem glüenden Schwerdt.« Der Alchemist Michael Maier lüftet in Atalanta fugiens *von 1618 die Geheimnisse der Natur.*

Die Vorstellung vom Ei als einem Samen des Lebens, der alles in sich trägt und nur durch die Zufuhr von Wärme außerhalb des Körpers der Mutter zu wachsen beginnt, war auch das Leitbild des naturmagischen Denkens, aus dem die Naturwissenschaften hervorgegangen sind. Die Alchemisten benutzten ein ovales Gefäß, das ›philosophische Ei‹ (*ovum philosophorum*), auch ›Gebärmutter‹ (*matrix*) genannt, um darin die Elemente mit

Wärme zusammenzuführen. So sollte der Stein der Weisen entstehen, »dieser Stein, der kein Stein ist, dieses kostbare Ding, das ohne Wert ist, dieses mehrgestaltige Ding, das keine Form besitzt, dieses unbekannte Ding, das jeder kennt«, wie es bei Zosimos aus Panopolis heißt. In einem der bekanntesten alchemistischen Traktate des Barock, *Atalanta fugiens* von Michael Maier, mit Kupferstichen illustriert und verlegt von Matthäus Merian in Oppenheim 1618, findet sich das emblematische Bild eines Hühnereies, das der Alchemist mit dem Schwert des Vulkans zerschlägt, um unsterbliches Leben zu schaffen. Im Ei liegt der Samen des Hahns, »der Sonnen Geheiligter« und Vogel des Kriegsgottes Mars, der durch die Zerteilung mit dem glühenden Schwert in neuer Gestalt als junges Huhn ans Licht treten kann. Eine Vorstellung, die den alchemistischen Schaffensprozess ebenso wie die Geburt als Umwandlung und gewaltsame Austreibung begreift.

Peter Sloterdijk beschreibt in den *Sphären*, wie der Ursprungsmythos vom kosmischen Ei von der Wissenschaft in der Geburtsstunde der neuzeitlichen Biologie im 17. Jahrhundert noch überboten wurde. Sein Gewährsmann ist der englische Arzt und Anatom William Harvey:

> *Der Übergang von der Ursprungsmythologie zur Biologie des Eies bei William Harvey vollzieht sich nicht ohne objektive Ironie; für dies eine Mal ist es die Wissenschaft, die bei der Bestimmung eines Gegenstandes weiter geht und überschwänglicher redet als der Mythos. Aus Harveys Forschungen geht das Prinzip Ei überwältigend gestärkt, erweitert, universalisiert hervor. Den Mythos entzaubern bedeutet in dieser singulären Materie den Gegenstand in unerhörter Weise*

verallgemeinern. Obwohl Harvey kein hinreichend starkes Mikroskop zur Verfügung stand, entwickelte er aus einzelnen Beobachtungen die später triumphal bestätigte Hypothese, daß sämtliche Embryonen von Lebewesen aus Eizellen hervorgehen, von denen die meisten – anders als die auffälligen Eier von Vögeln und Reptilien – unscheinbar, ja sogar für das menschliche Auge unsichtbar sind.[1]

William Harvey hat das Ei als ein universelles Prinzip bestimmt, aus dem alle Lebewesen hervorgehen. Wie aber im Ei aus ungeformter Materie Leben entsteht, wird bereits seit der Antike erforscht. Da Hühnereier leicht zu bebrüten sind und sich die Bildung des Embryos zeitlich genau bestimmen lässt, war für die sogenannte Embryologie die Entwicklung des Hühnchens im Ei über zwei Jahrtausende das klassische Studienobjekt.[2] Bereits Aristoteles erläutert in seiner *Tierkunde* und anderen Schriften sehr präzise und aus eigener Anschauung, wie sich ein Hühnerembryo entwickelt. Das Herz ist nach dem 3. Tag als blutiger Punkt sichtbar, der »pulst und bewegt sich, als sei er belebt« – auch heute noch bekannt als der ›springende Punkt‹. Am 10. Tag erkennt er die Gliedmaßen, den Kopf mit den großen Augen, auch die Eingeweide, und am 20. Tag schließlich den sich bewegenden und piepsenden Vogel in seiner genauen Position im Ei vor dem Schlüpfen.[3] Seine Beobachtung bringt ihn zu einer wichtigen Erkenntnis über die Entwicklung aller Lebewesen: Der Embryo ist nicht bereits im Ei oder in der Gebärmutter vorgeformt und wächst heran, sondern die einzelnen Teile bilden sich sukzessive aus anfangs ungeformter Materie, so wie ein Künstler erst die Umrisse zeichne und sie dann ausmale.

Diese Auffassung blieb auch in den folgenden Jahrhunderten gültig. Mit der Verbreitung des Buchdrucks haben die Naturforscher der Renaissance eine Reihe von Schriften publiziert, die in der Nachfolge von Aristoteles seine Untersuchungen vertieften, vor allem aber fantastische Tierillustrationen enthielten. Besonders eindrucksvoll sind Conrad Gesners *Historia animalium* (1551–1558) und Ulisse Aldrovandis *Ornithologiae* (1600). Der italienische Anatom und Chirurg Girolamo Fabrizio, für dessen Sektionen 1584 das berühmte Anatomische Theater in Padua eröffnet wurde, verglich in *De formato foetu* (1604) die Embryonen verschiedener Tierarten und des Menschen, und in *De formatione ovi et pulli* (1621) beschreibt und illustriert er die unterschiedlichen Entwicklungsstadien des Hühnerembryos im Detail. Noch ausführlicher findet sich diese Beschreibung dann bei seinem Schüler William Harvey, auf den sich Peter Sloterdijk bezieht. Auf dem Frontispiz von Harveys *Exercitationes de generatione animalium* (1651) befindet sich in den Händen von Zeus ein eiförmiges Gefäß, aus dem Insekten, Fische, Pflanzen, Vögel, Amphibien, Reptilien und Säugetiere, darunter ein Kind, herausfallen. Auf den beiden Hälften des Eis steht der berühmte Spruch: *ex ovo omnia* alles kommt aus dem Ei.

Karl Ernst von Baer konnte 150 Jahre nach Harvey die weibliche Eizelle unter dem Mikroskop nachweisen. In seiner *Entwickelungsgeschichte der Thiere* (1828) formulierte er die erste Regel der Embryologie, die besagt, dass die Embryonalentwicklung von allgemeineren zu spezifischen Merkmalen verläuft und dass sich Embryonen verschiedener Klassen anfangs ähneln. Beim Huhn etwa entstehen zuerst die Merkmale eines

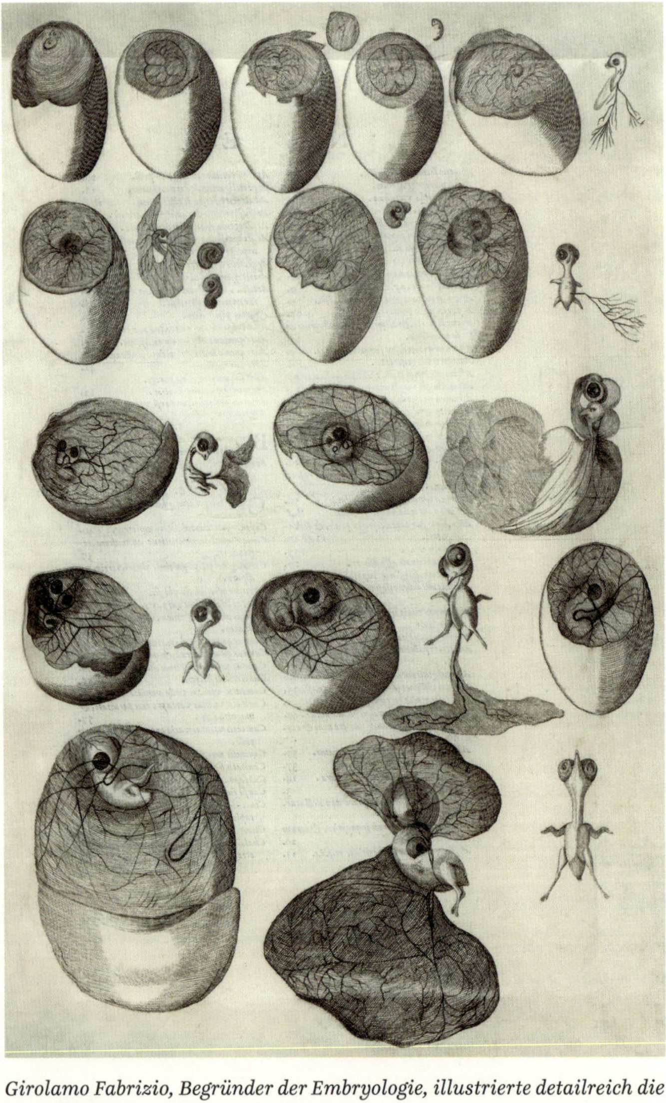

Girolamo Fabrizio, Begründer der Embryologie, illustrierte detailreich die Entwicklung des Hühnchens im Ei in De formatione ovi et pulli *von 1621.*

Wirbeltiers, dann die eines Vogels, danach die eines Hühnervogels und schließlich die des Haushuhns. Damit mündet die Embryologie in die Evolutionstheorie. Für Charles Darwin war von Baers Beobachtung, dass es in einem frühen Stadium nicht möglich ist, die Klassen, zu denen ein Embryo gehört, zu unterscheiden, von großer Bedeutung. Im Streit um Darwins Evolutionstheorie war von Baer Kritiker und Unterstützer zugleich. Er hielt Evolution für möglich, blieb aber Aristoteliker und war der Überzeugung, dass die Natur nach Zweckmäßigkeit strebt, während Darwin davon ausging, dass neue Arten durch natürliche Auslese entstehen.

Für die Embryologie stellten sich Ende des 19. Jahrhunderts neue Fragen, für deren Beantwortung die Untersuchung von bebrüteten Hühnereiern nicht mehr geeignet war, als Studienobjekt gerieten sie bald in Vergessenheit. Daher erstaunt es, dass auch heute noch in der Medizin jedes Jahr eine Milliarde Hühnereier, die als ›Pharma-Eier‹ unter besonderen hygienischen Bedingungen produziert werden, für die Herstellung von Grippeimpfstoffen benötigt werden. In das Ei injiziert und über mehrere Tage bebrütet, reifen Viren zu Milliarden Kopien ihrer selbst heran, werden dann abgesaugt und durch Hitze oder Chemikalien inaktiviert, um daraus den Impfstoff herzustellen. Jedes Ei reicht nur für eine Impfdosis, was den enormen Verbrauch von Hühnereiern erklärt. Einer der ganz großen Anbieter von Grippeimpfstoffen hat seine Fabrik in Dresden: Das Sächsische Serumwerk wurde von dem mit Odol-Mundwasser reich gewordenen Karl August Lingner gegründet und produzierte als DDR-Staatsbetrieb seit 1975 Grippeimpfstoffe. Heute gehört es zum Pharmakonzern GlaxoSmithKline und stellt nach Maßgabe der WHO siebzig Millionen Dosen pro Jahr her, saisonal abwechselnd für die Nord- und die Südhalbkugel.

Eine Frage, die die Naturforschung seit Langem beschäftigt, ist die nach dem Geschlecht des Kükens im Ei. Es wird von der Henne bestimmt, denn anders als beim Menschen ist sie es, die zwei verschiedene Geschlechtschromosomen in sich trägt. Auch beim Huhn schlüpfen etwa zur Hälfte männliche und weibliche Tiere. Da es dem Menschen meist aber darauf ankommt, Hennen zum Eierlegen zu haben, gab es viele Versuche, das Geschlecht des Kükens schon im Ei zu erkennen. Aristoteles war der Meinung, dass »die langen und spitzen Eier weibliche sind, die runden und an dem spitzeren Ende mehr abgerundeten männliche«. Diese Vermutung wurde über Jahrtausende weitergegeben, allerdings wurden Form und Geschlecht auch gerne vertauscht, so schreibt Plinius in seiner *Naturgeschichte*, dass aus den runden Eiern Hennen schlüpfen und aus den spitzen Hähne.

Der Ornithologe Christian Ludwig Brehm war sich sicher, dass an dieser Geschichte nichts dran ist und nicht die Form, sondern die Struktur der Eischale das Geschlecht des Kükens verrät. Die kalkhaltige Eischale hat viele Poren, die man mit bloßem Auge erkennen kann, sie dienen dem Gasaustausch und der Sauerstoffversorgung. Brehm glaubte, dass große Poren auf Hähne und kleine auf Hennen hindeuten, da diese ihm offenbar wie seine ins Korsett geschnürten Zeitgenossinnen mit einer flachen Atmung auszukommen schienen.

> *Wenn man eine Henne zum Brüten ansetzen will, sucht man aus dem Eiervorrathe der letzten Tage diejenigen Eier aus, welche die kleinsten Poren, eigentlich die Luftlöcher, die kleinen Vertiefungen in der Schale, haben. Um diese zu erkennen, hält man die Eier gegen das Sonnenlicht und da wird man leicht sehen, wie verschieden das Gewebe der Eierschalen ist. Die grobkörnigen bringen gewöhnlich Hähne und die feinkörnigen Hennen zur Welt, was sich leicht begreifen läßt, wenn man bedenkt, wie viel stärker der Hahn als die Henne und wie viel gröber die Haut des erstern, als die der letztern ist.*[4]

Läge Brehm richtig, würde das wohl die Hühnerindustrie revolutionieren. Durch die heutige Spezialisierung der Hühnerhaltung auf Lege- und Mastlinien hat sich das Problem der Geschlechtsbestimmung extrem verschärft. Die Brüder der Legehennen setzen nur langsam und wenig Fleisch an und sind für die Mast unrentabel. Küken aus Legelinien werden daher in den Brütereien direkt nach dem Schlüpfen nach Geschlecht sortiert. Dass die männlichen Küken, kaum dass sie auf der Welt sind, getötet werden, hat viele Menschen empört und ist mittlerweile in Deutschland als erstem Land weltweit verboten. Innerhalb eines Systems, das derart auf Effizienz getrimmt ist wie die industrielle Tierhaltung, hat das Verbot für die Tiere jedoch wenig verbessert. Inzwischen gibt es aber tatsächlich Verfahren, um männliche Küken bereits im Ei zu erkennen und gar nicht erst schlüpfen zu lassen. Dabei wird am 9. Bruttag mit einem Laser ein kleines Loch in die Schale gebohrt und etwas Flüssigkeit entnommen, die dann auf ihren Hormongehalt untersucht wird. Eine aufwendige Technik, aber bereits praxistauglich.

Einen unglaublichen Weg geht ein israelisches Start-up namens SOOS. Es hat sich zum Ziel gesetzt, das Geschlecht des Kükens im Ei im wahrsten Sinne des Wortes bestimmen zu können. Beim Hühnerembryo entwickeln sich am 6. Tag die Gonaden je nach Genom entweder zu Hoden oder zu Eierstöcken. Bis dahin aber haben sie das Potenzial, sich in beide Richtungen zu entwickeln. SOOS nutzt das, um die feminine Entwicklung zu fördern. So soll auch bei genetisch gesehen männlichen Tieren ein weiblicher Phänotyp mit Eierstöcken und der Fähigkeit, Eier zu legen, entstehen. Das soll gelingen, indem die Bruteier mit akustischen Vibrationen beschallt werden, quasi eine Geschlechtsumwandlung mittels Klang. Klingt so Science-Fiction?

Gefiederte Dinosaurier

Auch unter den vernunftlosen Thieren scheint die Natur dem männlichen Geschlechte den Vorzug zu geben. Der männliche Drache hat einen Kamm und einen dichten Bart; auch der Hahn hat einen Kamm und auch einen Bart.

CLAUDIUS AELIAN

Auf dem Senefelder Platz in Berlin sitzt ein junger Mann auf einem Sockel und blickt konzentriert auf eine Steintafel in seinem Schoß. Am Fuße des Sockels stehen zwei leicht beschürzte Putti. Der eine hält einen Spiegel in der Hand und beobachtet, wie der andere in Spiegelschrift den Namen des Mannes in den Marmor schreibt. Alois Senefelder (1771–1834), Sohn des aus dem fränkischen Königshofen stammenden Münchner Hofschauspielers Franz Peter Sennfelder, erlangte einen gewissen Ruhm mit seinem Lustspiel *Die Mädchenkenner*, doch als sein nächstes Stück nicht rechtzeitig gedruckt wurde, blieb ihm sein Verleger das vereinbarte Honorar schuldig. Senefelder suchte nun nach einer Möglichkeit, seine Drucke selbst herzustellen. Dabei kam ihm die Idee, eine Steinplatte so zu präparieren, dass das Motiv mit Fettkreide seitenverkehrt darauf gezeichnet wird, während der Rest des Steins fettabweisend gemacht wird, damit die fetthaltige Druckfarbe nicht daran haften bleibt. Die Tusche wird sodann auf den Stein aufgetragen und durch festes Anpressen auf das Papier übertragen. Das Ergebnis überzeugte in seiner Schönheit und Klarheit und war wesentlich billiger als der Kupferstich, sodass sich der Steindruck, besser bekannt als Lithografie, schnell verbreitete.

Die feinkörnigsten Lithografiesteine fand man in den Steinbrüchen rund um Solnhofen. Vor etwa 150 Millionen Jahren befand sich hier eine Lagune, in die das ein- und ausflutende Meerwasser Sedimente getragen hatte, auch Tiere und Pflanzen, die aufgrund des hohen Salzgehalts nicht verwesen konnten und als Fossilien erhalten blieben. Mit dem Abbau des Plattenkalks kamen auch immer wieder fossile Fundstücke zum Vorschein. Eines der bedeutendsten ist ein Besuchermagnet im Berliner Museum für Naturkunde. Dieses Exemplar des *Archaeopteryx lithographica* ist wohl das schönste seiner Art. Mit seinen parallel ausgebreiteten Federschwingen und den seitlich platzierten Beinen, dem langen, gebogenen Rücken und dem überdrehten Kopf erinnert er an Phaeton, der im Flug zur Sonne jählings zurückgeworfen wird.

Das Berliner Exemplar ist der zweite Fund eines Archaeopteryx in Solnhofen. Der erste wurde 1861 entdeckt und auf Betreiben des Leiters der naturwissenschaftlichen Sammlungen, Richard Owen, für eine immense Summe vom British Museum erworben. Erst zwei Jahre zuvor hatte Charles Darwin (1809–1882) sein epochales Werk *Der Ursprung der Arten durch natürliche Selektion* veröffentlicht. Owen, von dem der Begriff ›Dinosaurier‹ (schreckliche Echse) stammt, war ein erklärter Gegner von Darwins Theorie der Evolution durch natürliche Auslese. Mit dem ersten Zugriff auf das Fossil wollte er zeigen, dass der Archaeopteryx das älteste Exemplar eines vollentwickelten Vogels ist und nicht der von Darwin vorhergesagte

Der tödliche Basilisk, ein Mischwesen aus Hahn und Drache, schlüpft der Legende nach aus dem Ei eines Hahns, das von einer Kröte im Mist ausgebrütet wird.

Missing Link, der beweist, dass neue Arten aus bestehenden hervorgehen. Doch bald setzte sich Darwins Sichtweise durch. Der Archaeopteryx vereint Merkmale von Reptilien und von Vögeln und passt damit perfekt in die Lücke zwischen beiden Arten. Somit war der Beweis erbracht, dass Vögel von Dinosauriern abstammen.

Heute werden Vögel als an das Fliegen angepasste Dinosaurier aus der Gattung der Theropoden klassifiziert, zu deren zweibeinigen fleischfressenden Vertretern auch der gigantische Tyrannosaurus Rex gehört. Im Jahr 2003 ging ein spektakulärer Fund durch die Weltpresse: Paläontologen entdeckten in den Montana Badlands unter 1000 Kubikmetern losem Sandstein rund 68 Millionen Jahre alte Fossilien eines T. rex. Da der Oberschenkelknochen zu lang war, um ihn per Hubschrauber zu transportieren, wurde er kurzerhand durchgesägt. Im Inneren fanden sich Blutgefäße mit Überresten von Proteinen. Der Paläontologin Mary H. Schweitzer gelang es, daraus Aminosäuresequenzen zu bestimmen, die sie mit denen heute lebender Tiere verglich. Das überraschende Ergebnis war, dass es die größte Übereinstimmung nicht bei Eidechsen oder Alligatoren gab, sondern bei Haushühnern. Sie sind die nächsten noch lebenden Verwandten des Raubsauriers.

Charles Darwins Evolutionstheorie ist bis heute gültig. Er hat damit die Entwicklung der Lebewesen in eine historische Perspektive gestellt, die das Verständnis ihrer Struktur möglich gemacht hat. Als Mechanismus der Evolution beschrieb Darwin die natürliche Selektion. Entscheidende Impulse fand er in der Haustierzucht, die in seiner Zeit in Blüte stand und die er selbst mit Tauben und Hühnern betrieb, also mit Tieren, bei denen eine Generationenfolge in kurzen Zyklen stattfindet. Er beobachtete, dass von Generation zu Generation Variationen auftraten, die für die Herausbildung neuer Züchtungen selektiert werden können. Daraus resultieren in kurzer Zeit enorme Abweichungen von der Ursprungsrasse. Durch den Eingriff des Menschen geschieht hier im Zeitraffer, was sich in der Natur über Jahrmillionen vollzieht. In der Natur erfolgt die Selektion nach Darwin durch die Anpassung der tierischen und pflanzlichen Organismen an eine Umwelt, die in erdgeschichtlicher Dimension in stetiger Veränderung begriffen ist. Variationen innerhalb einer Art können zu einer besseren Anpassung an neue Lebensräume und damit zu einer größeren Zahl von Nachkom-

Der englische Tiermaler und Anatom George Stubbs arbeitete bis zu seinem Tod 1806 an einer vergleichenden anatomischen Darstellung von Mensch, Tiger und Hahn.

men führen. Dieser Gedanke findet sich in der oft missbrauchten Formulierung vom »survival of the fittest«, dem Überleben des am besten Angepassten. Die moderne Genetik folgt in ihren Grundsätzen Darwin, der die Gesetze der Vererbung noch nicht kannte, und bestimmt als die Ursachen für Variationen genetische Mutationen und Rekombinationen.

Darwin war davon überzeugt, dass Haustierrassen auf eine gemeinsame Wildform zurückgehen. Für das Huhn gilt: »Nachdem ich fast alle englischen Hühnerrassen am Leben gehalten, gezüchtet, gekreuzt und ihr Skelett untersucht habe, erscheint es mir als nahezu sicher, dass sie allesamt Nachkommen des wilden indischen Huhns (*Gallus bankiva*) sind.« Buchstabiert man die zoologische Systematik einmal durch, dann gehören die wilden Urahnen der Haushühner innerhalb der Klasse der Vögel in die Ordnung der Hühnervögel (Galliformes), zur Familie der Fasanenvögel (Phasianidae) in der Gattung der Kammhühner (*Gallus*), darin als eine von vier Arten das Bankivahuhn (*Gallus gallus*), auch Rotes Dschungelhuhn genannt. Ihr Kamm und die Kehllappen unterscheiden die Gattung *Gallus* von den anderen Fasanenvögeln. Dass das Bankivahuhn den größten Anteil an der Abstammung des Haushuhns (*Gallus gallus domesticus*) hat, lässt sich an typischen Merkmalen ablesen, etwa dem roten Gefieder vieler Züchtungen, dem gezackten Einfachkamm und dem Krähen der Hähne. Kreuzt man Bankiva- und Haushuhn, erhält man anders als bei den anderen Arten fruchtbare Nachkommen. Heute geht man davon aus, dass noch eine weitere Kammhuhnart an der Domestikation des Huhnes beteiligt gewesen sein muss. Der Evolutionsgenetiker Greger Larson aus Oxford konnte die gelbe Farbe der Beine einiger Hühnerrassen auf eine Mutation zurückführen, die nur beim Grauen Dschungelhuhn (*Gallus sonneratii*) vorkommt. Er hält es für wahrscheinlich, dass es mit einer frühen Form des Haushuhns gekreuzt wurde und es daher sinnvoll ist, von *Gallus domesticus* zu sprechen.

Tischgenossen

Wer verlieh dem Ibis Weisheit
Oder wer gab Einsicht dem Hahn?
HIOB 38, 36

Lange galten archäologische Knochenfunde aus der Harappa-Kultur im Industal im Nordwesten des indischen Subkontinents als sichere Belege für die Domestikation des Roten Dschungelhuhns vor mehr als 4000 Jahren. Im Rennen um den ältesten Fund waren auch angeblich 8000 Jahre alte Hühnerknochen aus Nordchina. Beides konnte der Münchner Archäozoologe Joris Peters jedoch widerlegen.[1] Sein Forschungsteam kartierte, vermaß und klassifizierte Knochenreste aus Hunderten von archäologischen Stätten in Dutzenden Ländern und zog überlieferte Darstellungen und Schriften heran. Auf dieser Grundlage kamen sie zu einer völlig neuen Bewertung des Alters der Funde, die bis zu 5000 Jahre jünger sind als bisher angenommen. Die ältesten eindeutigen Knochenfunde von domestizierten Hühnern stammen nach ihrer Einschätzung aus Grabbeigaben in Ban Non Wat in Thailand und sind 3650 bis 3250 Jahre alt. Damit ist das Huhn ein Nachzügler unter den Haustieren, Tausende Jahre später als etwa Rind, Schwein oder Hund. Sicher belegt sind domestizierte Hühner anhand der bisherigen Funde erst ab etwa 1500 v. Chr., zunächst in Südostasien, dann weiter westwärts in Südasien und Mesopotamien, schließlich in

Die wilden Vorfahren des Haushuhns. Bankivahahn im Prachtkleid und gut getarnte Henne im Bambuswald.

Nordwestafrika und rund um das europäische Mittelmeer, wo sie im Laufe des ersten Jahrtausends v. Chr. eingeführt wurden.

In den heutigen Haushühnern lassen sich vorrangig die Gene einer Unterart des Roten Dschungelhuhns, des Burma-Bankivahuhns (*Gallus gallus spadiceus*), nachweisen. Sein Verbreitungsgebiet im Südwesten Chinas, im Norden Thailands und in Myanmar könnte somit der lokale Ursprung der Domestikation sein. Es scheint einen direkten Zusammenhang zwischen dem Anbau von Trockenreis und Hirse und dem Auftauchen des Haushuhns zu geben, da frühe Hühnerknochen nur dort gefunden werden, wo es frühe Reisfundstätten gibt. Einen ähnlichen Zusammenhang zwischen Reisanbau und Hühnerhaltung vermuten die Forscher auch für Mesopotamien und Afrika.

Peters spricht bei der Beziehung zwischen Mensch und Dschungelhuhn von einem kommensalen Weg (von lat. *commensalis*, Tischgenosse) im Sinne einer Interaktion zwischen verschiedenen Arten, die für die eine positiv, für die andere neutral ist. So steht das Haushuhn am Ende einer biokulturellen Entwicklung, in deren Verlauf der Mensch seine natürliche Umwelt in eine Kulturlandschaft verwandelte, die eine ökologische Nische für andere Arten bot. Das Huhn saß also zunächst am reich gedeckten Tisch des Menschen, bevor dieser auch für sich darin einen Nutzen entdeckte und begann, es zu domestizieren. Dabei ging es aber wohl zunächst nicht darum, den Tischgenossen zur Speise zu machen.

Die Geschichte der Nutzung und globalen Verbreitung des Haushuhns ist in ihren Anfängen verwickelt und wirft noch immer viele Fragen auf, insbesondere über die Wege, auf denen es nach Europa gefunden hat. Peters und sein Team vermuten die Verbreitung über die Handelsrouten der Phönizier, Etrusker und frühen Griechen rund um das Mittelmeer. Sie konnten Hühner in Italien seit dem 8. Jahrhundert v. Chr., in Zentraleuropa und im Süden Britanniens seit dem 6. und 5. Jahrhundert v. Chr. nachweisen. Bis zur Ankunft im kalten Klima Skandinaviens sollten nochmals 1000 Jahre vergehen. Interessanterweise fanden die Forscher an keinem der Skelette aus dieser Frühzeit Spuren, die darauf hindeuten, dass das Huhn geschlachtet worden war, und viele der Tiere waren bereits älter. Gefunden wurde sogar das Bein einer britischen Henne aus vorchristlicher Zeit, das einen Bruch aufweist, der geschient und wieder verheilt war. Offenbar war das Huhn hier ein seltener exotischer Vogel, den man verehrt und nicht verzehrt hat. Noch Caesar wunderte sich in seinem Exkurs über Britannien, dass man es dort als frevelhaft ansehe, Hühner zu essen, und sie nur zum Vergnügen gehalten würden. Dies änderte sich mit der römischen Besatzung Britanniens. Statt in Einzelgräbern findet man Hühner nun in großer Zahl als Opfertiere in Tempeln oder als Begleiter der Toten, wobei Hähne den Männern und Hennen den Frauen beigegeben wurden. In dieser Zeit scheint auch der Verzehr von Hühnern und ihren Eiern üblich geworden zu sein.

Die ersten Spuren des Haushuhns in den Zentren der antiken Hochkulturen rund um das Mittelmeer sind spärlich. In Ägypten gehörten Enten und Gänse schon früh zu den Haustieren und sind häufig dargestellt, Hühner dagegen nicht. In den Annalen des ägyptischen Königs Thutmosis III. (1486–1425 v. Chr.), der einen botanischen Garten mit seltenen Pflanzen und Tieren anlegen ließ, die er von Feldzügen mitbrachte oder geschenkt

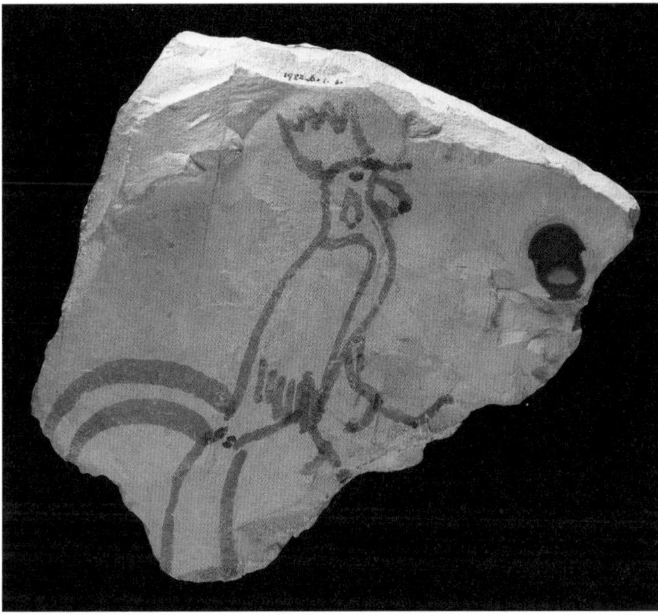

Die Scherbe aus dem Tal der Könige wird auf 1300 bis 1100 v. Chr. datiert und hat zu Spekulationen über ein frühes Vorkommen des Haushuhns in Ägypten geführt.

bekam, findet sich ein Hinweis auf vier Vögel, die ihm in einem libanesischen Hafen überreicht wurden und »täglich gebären«. Aber dass damit Haushühner gemeint waren, wie immer wieder kolportiert wird, ist unwahrscheinlich, und andere sichere Quellen existieren nicht. Erst als Teil des Perserreiches unter der Herrschaft der Achämeniden ab 550 v. Chr. sind sie in Ägypten sicher belegt. In diesem Kontext könnten auch die beiden einzigen Passagen im Alten Testament entstanden sein,

Der französische Naturforscher Réaumur berichtet 1749 über Brutöfen für Vogeleier, »für die Ägypten mehr gerühmt werden muss als für die Pyramiden«.

in denen von Hühnern, genauer vom Hahn, die Rede ist. Aus dem Buch Hiob stammt das Zitat am Beginn dieses Kapitels, das auf den Volksglauben anspielt, der Hahn könne den Regen vorhersagen. Und in den Sprüchen Salomons wird er zu den wehrhaften und stolzen Tieren gezählt: »Drei haben einen stattlichen Gang, und vier gehen stolz einher: der Löwe, mächtig unter den Tieren und kehrt um vor niemandem; der stolze Hahn, der Widder und der König, wenn er einhergeht vor seinem Heerbann.« Das Neue Testament kennt den Hahn als Künder des Tages und die fürsorgliche Glucke, es sind Passagen, die allen Christen vertraut sind. Jesus will die Kinder Israels um sich sammeln, »wie eine Henne ihre Küken unter den Flügel nimmt«. Und in der Nacht vor seiner Kreuzigung spricht er auf dem Ölberg zu Petrus: »Wahrlich, ich sage dir: Heute, in dieser Nacht, ehe denn der Hahn zweimal kräht, wirst du mich dreimal verleugnen.« Deswegen steht der Hahn bis heute als Mahnung zum Glauben auf den Dächern der Kirchen.

Eine Erfindung der Ägypter hat in Europa großes Erstaunen ausgelöst: Sehr früh scheint man dort gewusst zu haben, wie man Eier künstlich ausbrütet. Bereits Aristoteles erwähnt in seiner *Tierkunde* die Entwicklung der Eier ohne Glucke, »wie in Ägypten, wo man sie in den Mist vergräbt«. Vorbild seiner Beschreibung scheint das Nilkrokodil gewesen zu sein, das seine Eier in Nesthügeln vergräbt und durch die Gärungshitze der Pflanzenreste ausbrüten lässt. Auch Plinius berichtet von der »neulich gemachten Erfindung, Eier an einem warmen Ort auf Spreu zu legen, bei mässigem Feuer warmzuhalten und von einem Menschen umwenden zu lassen, wodurch auf gleiche Weise am bestimmten Tage die Jungen durchbrechen«.[2] Es handelt sich dabei eher um Berichte vom Hörensagen, und bei den römischen Agrarschriftstellern gibt es keine Beschreibung einer praktischen Anwendung, erst im Mittelalter finden sich wieder Hinweise. Kaiser Friedrich II. erwähnt in seinem Mitte des 13. Jahrhunderts verfassten *Falkenbuch*, dass er ägyptische Experten nach Apulien kommen ließ, um Eier ohne Henne auszubrüten. Ein Bericht aus erster Hand über die ägyptischen Bruthäuser stammt aus dem Jahr 1323 von einem irischen Franziskaner namens Symon Semeonis, den seine Pilgerreise nach Jerusalem auch nach Kairo geführt hatte.

> *In Babylon, außerhalb des Tores, fast unmittelbar links von der Straße, die nach Kairo führt, befindet sich ein langes und schmales Haus, in dem unzählige Küken mit Hilfe von Feuer aus den Eiern von Hühnern erzeugt werden, ohne dass Letztere oder Hähne anwesend sind. In diesem Haus ist auf jeder Seite die Erde über die Länge des Gebäudes bis zur Höhe eines Altars aufgeschüttet, und*

es sind Öfen oder Schmelzöfen angeordnet, in die eine unzählige Menge von Eiern gelegt wird, die 22 oder 23 Tage lang ununterbrochen Tag und Nacht mit gleichmäßiger und mäßiger Hitze behandelt werden. Am Ende dieser oder einer fast gleich langen Zeitspanne bringen diese Eier Küken in so großen Mengen hervor, dass sie wie Weizen nach Maß und nicht nach Anzahl verkauft werden.[3]

Vierzig Jahre nach Semeonis findet sich eine ähnliche, möglicherweise auch übernommene Beschreibung in *The Travels of Sir John Mandeville*, einem berühmten Reiseklassiker, der Christoph Kolumbus ebenso inspirierte wie Thomas Morus, der in *Utopia* von der ›Kunstbrut‹ spricht.

Zu Beginn der Neuzeit gab es mehrere Versuche, eine Maschine zu konstruieren, die Küken ausbrüten kann. Cornelis Drebbel entwickelte 1609 in den Niederlanden den Athanor, abgeleitet vom arabischen *at-tannūr* (›Ofen‹), einen alchemistischen Ofen und Inkubator für Küken, für den er zur Temperaturregulierung den Thermostat erfand. René-Antoine Ferchault de Réaumur verfasste zwei umfangreiche Bände über Brut und Aufzucht mit dem Titel *Art De Faire Éclorre Et D'Élever En Toute Saison Des Oiseaux Domestiques De Toutes Especes* (1749). Darin nimmt er auch Berichte von Reisenden des 17. Jahrhunderts auf, die die ägyptischen Bruthäuser selbst in Augenschein nehmen konnten, wie etwa den des französischen Diplomaten Balthasar de Monconys aus dem Jahr 1647.[4] Réaumur fragt sich nun, wie in diesen Öfen, »für die Ägypten mehr gerühmt werden muss als für die Pyramiden«, eine so konstante Temperatur ohne Thermometer erzeugt werden konnte und warum dieses Wissen nicht in andere Länder verbreitet wurde. Die Antwort findet er in einem Brief des Jesuiten Claude Sicard.[5] Dieser war zwischen 1708 und 1712 in Kairo, um die christlichen Kopten zum römisch-katholischen Glauben zu bekehren, und berichtet über die Brutöfen in einem Dorf namens Bermé. Allein die Bewohner dieses Dorfes wüssten, wie man die Brutöfen betreibe, und sie gäben dieses Wissen nur vom Vater an den Sohn weiter, so Sicard. Nun könnte man meinen, dass Sicard seine Jesuitenbrüder mit solcherart geheimem Wissen beeindrucken wollte. Aber tatsächlich könnte es sich um die Kleinstadt Birma im Gouvernement Al-Gharbia handeln, wie mir Lenny Hogerwerf von der niederländischen Gesundheitsbehörde bestätigt hat, die als Spezialistin für das Vogelgrippevirus im Nildelta unterwegs war. Dort besuchte sie auch eine traditionelle Brüterei, und eines ihrer Fotos zeigt, wie ein Arbeiter die Temperatur des Bruteis kontrolliert – indem er es auf sein Augenlid drückt. Nach ihren Angaben befinden sich die meisten ägyptischen Brütereien auch heute noch in dieser Region. Zwar gibt es auch in Ägypten moderne Brütereien, in denen kommerzielle Züchtungen maschinell ausgebrütet werden, aber die traditionellen Brütereien, aus denen die Balady-Küken – traditionelle Landrassen – kommen, sind heute noch in Betrieb, um sie dann auf die Märkte im ganzen Land zu schicken. Die Kunstbrut, die schließlich 1879 mit der Erfindung eines Brutapparates in Petaluma, Kalifornien, die globale Hühnerindustrie ins Rollen brachte, hat in den ägyptischen Bruthäusern ihren Vorläufer.

Viele Religionen kennen die prophetischen Gaben des Hahns, Künder des Tages, er ist Lichtvogel der Perser und Sinnbild der Auferstehung der frühen Christen.

Perservögel

Ich hab gehört, / Der Hahn, der als Trompete dient dem Morgen, / Erweckt mit schmetternder und heller Kehle / Den Gott des Tages, und auf seine Mahnung, / Sei's in der See, im Feu'r, Erd' oder Luft, / Eilt jeder schweifende und irre Geist / In sein Revier

WILLIAM SHAKESPEARE

Gans, Ente und Taube sind im Mittelmeerraum heimisch und werden seit Urzeiten vom Menschen gefangen, gezähmt oder gezüchtet. Das Haushuhn hingegen ist in Griechenland ein Spätankömmling im Geflügelhof, die homerischen Epen kannten es noch nicht. Insbesondere der Hahn taucht jedoch ab dem 7. Jahrhundert v. Chr. unter dem Namen Alektryon häufig in Bildern und Texten auf. In der griechischen Mythologie soll Alektryon beim Stelldichein von Ares und Aphrodite Wache halten, verschläft aber den Morgen, sodass Helios die Liebenden entdeckt und verrät. Zur Strafe verwandelt Ares Alektryon in einen Hahn, damit er nie vergisst, den Sonnenaufgang zu verkünden.

Seinen prominentesten Auftritt hat der Hahn in *Die Vögel* von Aristophanes, uraufgeführt 414 v. Chr. bei den Dionysien in Athen. Hier fließen fast alle Motive zusammen, die seither mit dem Hahn in Verbindung stehen. Die Komödie handelt von der Gründung eines Vogelreiches im Himmel durch zwei Auswanderer, den klugen Peisthetairos und den gemütlichen Euelpides.

Die beiden haben Athen den Rücken gekehrt und fassen den Plan, gemeinsam mit den Vögeln eine neue Stadt im Himmel zu errichten. Die Versammlung der Vögel wird einberufen. Als einer der Ersten tritt der Hahn »gravitätisch herein«, woraufhin die Protagonisten rätseln, wer dieser »seltsam stolze Prophet ist, der seine Heimat in der Fremde hat«. Nachdem sie aufgeklärt wurden, dass es sich um den Perservogel handelt, folgt daraufhin der deutlich derbere Witz, wie er denn »als Perser ohne sein Kamel« hierhergekommen sei. Peisthetairos gewinnt tatsächlich die Unterstützung der Vögel für die Gründung der neuen Stadt Wolkenkuckucksheim, indem er ihnen schmeichelt, dass nicht Götter oder Menschen, sondern Vögel die ersten Herrscher gewesen seien und dass sie diese Herrschaft zurückerobern müssten.

So war, zum Exempel, vorzeiten der Hahn
souveräner Regent und Gebieter
Im persischen Reich, vor den Fürsten lang,
vor Dareios und Megabyzos,
Drum heißt er denn auch, weil er einst dort
gebot, der persische Vogel noch heute.
Drum stolziert er auch noch auf den heutigen
Tag mit der aufrecht spitzen Tiara
Auf dem Kopf umher, wie der große Schah,
er allein von sämtlichen Vögeln.
So gewaltig war er, so mächtig und stark,
daß heut noch, wenn mit dem Tag er
Sein Morgenlied kräht, die Schlafenden all',
seiner sonstigen Größe gedenkend,

Aufspringen und rasch an die Arbeit gehn,
die Töpfer, die Schmiede, die Gerber,
Mehlhändler, Barbierer und Schneider und
Schuh- und Harfen- und Schildfabrikanten,
In die Schlappschuh' fahren im Dunkeln sie
schnell und rennen

Dareios und Megabyzos, sein Mitverschwörer bei der Eroberung des persischen Throns, stehen für den durch Herodot gebildeten Griechen nicht auf der Seite der Demokratie, sondern auf jener der Monarchie und Oligarchie. Dareios, Gründer von Persepolis, war Anhänger der frühen monotheistischen Religion des Zoroastrismus, dessen Prophet Zoroaster beziehungsweise Zarathustra war. Der Zoroastrismus wird durch das Faravahar symbolisiert, das noch heute überall im Iran anzutreffen ist: Diese Figur zeigt den Oberkörper eines bärtigen, gekrönten Mannes, der die rechte Hand erhoben hat und in der linken einen Ring trägt, während der untere Teil aus einem Flügelpaar und Schwanzfedern besteht. Die drei Lagen Federn der Flügel erinnern den Gläubigen an die Prinzipien, denen er folgen soll: gut denken, gut sprechen, gut handeln. Die Zoroaster verehren den Schöpfergott Ahura Mazda, den ›Weisen Herrn‹, der über ein Reich des Lichts herrscht, sein Gegenspieler ist Angra Mainyu, der ›Herr der Finsternis‹.

Der Kampf zwischen Gut und Böse wird auf der Erde ausgetragen, in diese Dichotomie, die auch in den späteren monotheistischen Religionen bekannt ist, werden alle altiranischen Gottheiten eingeordnet, wobei die Guten als Yazatas, die ›Verehrungswürdigen‹, Ahura Mazda unterstehen, ihre Gegen-

Dionysos, Gott des Weines und des Theaters, empfängt Hahn und Ei als Opfergaben. Terracottabüste aus Tanagra, Griechenland, ca. 350 v. Chr.

spieler sind die Daevas. Zu den Guten gehört auch Sraoscha, Bote, Engel und Gottheit des Gehorsams. Sein Begleiter, der Hahn, »erhebt seine Stimme bei jeder göttlichen Morgenröthe« und bekämpft den Dämon der Faulheit, heißt es in der heiligen Schrift der Zoroaster, dem Avesta, das ihn als Parôdars, als Vorhersager kennt. Da er den Sonnenaufgang und damit das Ende der Nacht verkündet, ist er ein Verbündeter der guten göttlichen Kräfte und hält die Dämonen vom Haus fern. Kräht er jedoch zur Unzeit oder kräht eine Henne, gilt dies als schlechtes Omen. Ahura Mazda erklärt Zarathustra schließlich die Segnungen des Opfers dieses heiligen Tiers, das von orthodoxen Zoroastern nicht verspeist wird: »Wer von dieses meines Vogels Parôdars Leibesgrösse Fleisch hergiebt. / Nicht werde ich diesen eine zweite Frage fragen, ich, der ich Ahura-mazda bin. / Für sein Weitergehen zum Paradiese.«[1]

Der Hahn als Symbol der Perser ist gut gewählt, denn in ihm finden sich drei Motive, die die Athener mit Blick auf den mächtigen Nachbarn beschäftigen, das des Herrschers, des Wächters und des Kämpfers. Wenn der Chorführer zu den Zuschauern spricht und ihnen erzählt, wie Eros zu Beginn der Zeit aus dem Ei der schattenbeflügelten Nacht kroch und mit dem mächtigen Vogel Chaos gepaart das Geschlecht der Vögel erschuf, dann werden diese orphischen Schöpfungsmythen durchaus auf ein Wiedererkennen der Zuschauer gestoßen sein. Aristophanes führt sie jedoch ein, um sie in ihrer politischen Dimension zu entlarven. Sein Protagonist schmeichelt den Vögeln mit ihrer Erhabenheit, um dann als Tyrann die Aufsässigen unter ihnen zu verspeisen. Wenn der Chorführer die Zuschauer also auffordert, nach Wolkenkuckucksheim auszuwandern, preist er ihnen die Tyrannis an. Und auf die Frage, wer die Mauern der Stadt bewacht, heißt es: »Der Unsern einer, persischen Geblüts, / Ein Vogel, weltbekannt als hitz'ger Degen, / Des Ares Küchlein!« Wieder einmal Ares, der Gott des furchtbaren Krieges, und der Hahn als sein bewaffneter Sohn. *Die Vögel* entstand nur wenige Jahrzehnte nach dem erfolgreichen Widerstand der Athener gegen die Invasion der Perser in den Schlachten von Marathon und Salamis, die als Sieg der Freiheit über die tyrannische Fremdherrschaft bis heute zu den Ursprungsmythen Europas gehören.

In Athen waren die sogenannten Alektryomachien, öffentliche Hahnenkämpfe, ein beliebter Sport. Sie wurden nach dem Sieg der Griechen über die Perser in der Seeschlacht von Salamis eingeführt, weil der griechische Heerführer Themistokles der Legende nach durch den Anblick zweier kämpfender Hähne den Kampfgeist seines Heeres geweckt haben soll. Später wurde der siegreiche Themistokles aus Athen verbannt und fand ausgerechnet beim persischen König Zuflucht. Die Hahnenkämpfe sollten den Heldenmut der Jugend anstacheln. Und nicht nur das. Hähne wurden auch als Liebesgeschenke von älteren an heranwachsende junge Männer überreicht, die ›Knabenliebe‹ war bei den Griechen gesellschaftlich akzeptiert. Die griechischen Züchter waren daher in erster Linie an großen, ausdauernden und besonders streitlustigen Kampfhähnen interessiert, während die Eier- und Fleischproduktion erst später auf den römischen Landgütern wirtschaftliche Bedeutung erlangte.

Die besten Kampfhähne kamen von der griechischen Insel Delos, wie später die Römer Varro und Columella schrieben. Obwohl winzig, war die Insel ab dem 4. Jahrhundert v. Chr. ein

Zwei Hähne in der charakteristischen Aufstellung zum Kampf auf dem Fries eines Grabes aus der antiken Stadt Xanthos in Lykien (Türkei), ca. 480 v. Chr.

Zentrum von Religion und Handel im östlichen Mittelmeer, hier lebten einst 25 000 Menschen aus Italien, Syrien, Palästina und Phönizien. Das UNESCO-Weltkulturerbe ist heute unbewohnt, geblieben ist ein Ausgrabungsfeld mit Tempeln und einem Dionysos-Heiligtum, in dem zwei markante Säulen erhalten sind, die zwei überdimensionale Phalli tragen. Auf einer dieser Säulen ist zudem das Relief eines gespornten Hahns mit einem Phallus anstelle eines Kopfes zu sehen. Neben dem Motiv des Hahns als Herrscher, Wächter und Kämpfer ist dies das vierte Motiv, der Hahn als phallisches Tier. Erstaunlicherweise findet es sich nicht bei Aristophanes, obwohl die Dionysien Anlass der Uraufführung waren und es in seiner Komödie an sexuellen Anspielungen nicht mangelt.

Vielleicht liefert die Popularität des Hahnenkampfs die Antwort auf die Frage, warum das Bankivahuhn domestiziert wurde. Für die griechische Antike ist seine herausragende Bedeutung unverkennbar. Schilde, Vasen, überall findet man die typische Aufstellung der beiden Hähne, denn charakteristisch für den Hahnenkampf ist die faszinierende Symmetrie der Bewegungen. Noch heute ist er in Südostasien sowie Mittel- und Südamerika als Wettspiel bei Männern populär, selbst in Frankreich sind in manchen Gegenden die Gallodromes erlaubt. Die Kampfhähne stammen aus speziellen Züchtungen und werden etwa zwei Jahre mit größter Sorgfalt aufgezogen, bis sie dann in der Arena nicht nur um den Wetteinsatz, sondern auch um den Status ihres Besitzers kämpfen. Der Ethnologe Clifford Geertz spricht über den balinesischen Hahnenkampf als »deep play«, einer Überführung der Statushierarchie auf den Hahnenkampf.[2] In Europa hatte er besonders in England bis zu seinem Verbot 1835 eine zweitausendjährige Tradition. Die Bezeichnung ›cockpit‹ für die Kampfarenen, deren Enge das Angriffsverhalten des Hahnes provoziert, erinnert bis heute daran.

Villenwirtschaft

Uns kommt es auf den Ertrag des fleißigen Gutsbesitzers an, nicht auf den des Abrichters von Streitvögeln, dessen ganzes Vermögen leichtfertig aufs Spiel gesetzt, oft ein einziger siegreicher Kampfhahn zerrinnen läßt.

COLUMELLA

Hahnenkämpfe waren auch im Römischen Reich beliebt, und wenn die Römer in den Krieg zogen, waren die Auguren, die den Willen der Götter durch die Beobachtung von Vögeln deuten konnten, und der *pularius* genannte Hühnerwärter mit seinen Tieren dabei. Der Hahnenschrei oder das Fressen der Hühner wurden zur Beurteilung der Aussichten auf einen siegreichen Feldzug herangezogen. Fiel bei den *auspicia ex tripudiis* Futter zu Boden, war dies ein positives Vorzeichen, wenn die Tiere beim Fressen zögerten, schrien oder davonliefen, ein negatives. Berühmt ist der Bericht über eine Seeschlacht zwischen Römern und Katharern vor Sizilien, die Schlacht von Drepana im Jahr 249 v. Chr. Gemäß den religiösen Traditionen hatte der römische Flottenkommandant Publius Claudius das Hühnerorakel zu befragen. Der Schriftsteller Valerius Maximus schildert das Ereignis:

Als Publius Claudius im Ersten Punischen Krieg eine Seeschlacht liefern wollte, verkündigte ihm der Hühnerwärter, die heiligen

Hühner wollten nicht aus dem Käfig heraus und nicht fressen. Da ließ Claudius sie ins Meer werfen mit den Worten: »Wollen sie nicht fressen, so sollen sie wenigstens saufen!« Er verlor aber die Schlacht und ward vom Volk verurteilt.

Den römischen Politiker Cicero, selbst Augur, beschäftigte dieser Fall sehr. In *De divinatione* bestreitet er, dass man mit im Käfig eingesperrten, hungrigen und erschöpften Hühnern ein Auspizium machen kann. Anders als die Beobachtung des Vogelflugs ist das Hühnerorakel für ihn manipuliert und sinnlos. Wenn man die Tiere nur lang genug hungern lässt, werden sie danach immer gierig fressen und notwendig etwas zu Boden fallen lassen. So ist das Tripudium für ihn eine Art Zerrbild der wahren Auspizien und verkommen zu einem willfährigen Instrument der Staatsräson: »Ich vertrete die Auffassung, das Augurenrecht sei – obwohl ursprünglich in der Annahme gestiftet, es habe mit Wahrsagung zu tun – im Interesse des Staates gehegt und bewahrt worden.«[1]

Mit der Ausdehnung des Römischen Reiches traten ganz andere Aspekte als die kultischen in den Vordergrund, nämlich die Sicherung der Nahrungsmittelversorgung, aber auch die Verfeinerung des Lebensstils. In den Lehrbüchern von Varro (*Rerum rusticarum libri tres*) und vor allem Columella (*Rei rusticae libri duodecim*) wird die hoch entwickelte Geflügelhaltung auf den römischen Landgütern beschrieben. Die richtige Größe für die Hühnerhaltung liege bei 200 Tieren, für die es sich lohne, einen Hühnerwärter zu beschäftigen. Es finden sich Anleitungen zum Bau von Stall, Sitzstangen und Legenestern, zur Fütterung und zum Schutz vor Raubtieren, zur Zucht, Brut und zur Behand-

»Wollen sie nicht fressen, so sollen sie wenigstens saufen.« Publius Claudius Pulcher ignoriert das Hühnerorakel und verliert die Schlacht.

lung von Krankheiten. Columella nennt mehrere Rassen, die von den Griechen verwendet wurden, aber da ihr Zweck der Hahnenkampf war, bevorzugt er die fruchtbaren einheimischen Hühner. Die Besten sind seiner Meinung nach diejenigen, die aus der Kreuzung importierter fremder Hähne mit Hennen der einheimischen Landrassen entstehen, da sie sowohl das gute Aussehen des Vaters als auch die Fruchtbarkeit der Mutter besitzen. Die Auswahl geeigneter Tiere hängt neben der Größe auch von der Gefiederfarbe ab. Am besten sind Hennen mit rotem oder dunkelbraunem Gefieder und schwarzen Flügeln, kräftigem Körper und aufrechter Brust, was auf eine hohe Legeleistung hinweist, weiße Hennen hingegen sollte man nicht halten, da sie kränklich sind, schlecht legen und am leichtesten von Räubern erbeutet werden. Der Kopf soll groß sein, mit weißer Ohrscheibe und rotem, aufrechtem Kamm, außerdem sollen sie fünf Zehen haben, was heute unter den Hühnerrassen eine Seltenheit ist. Nur wenige alte Rassen wie das Dorking, eine englische Züchtung aus der Römerzeit, haben fünf statt der üblichen vier Zehen. Columella geht es um die Rentabilität der Hühnerhaltung und ihren Nutzen für den Landwirt,

> *denn einmal hilft man mit dem Mist der Vögel den magersten*
> *Weinbergen, jeder Baumpflanzung und jedem Acker auf,*
> *zum andern bereichert das Geflügel den häuslichen Herd und Tisch*
> *mit köstlichen Speisen, endlich mehrt es durch den Preis der*
> *verkauften Tiere das Einkommen des Hofes.*[2]

Es geht also zuerst um den Dünger und um die eigene Ernährung und erst dann um zusätzliche Einnahmen durch den Verkauf. Columella empfiehlt die Hühnermast nur dort, wo die Hühner zuverlässig einen hohen Preis erzielen, da sonst die Futterkosten die Einnahmen übersteigen. Er beschreibt zwar, wie die Mast aussieht – das Tier wird in eine Einzelbox gesperrt und dort 25 Tage lang gestopft –, hält dies aber nicht für die angemessene Tätigkeit eines Landmanns, sondern überlässt es den ›Hühnerstopfern‹. Offenbar ging es ihm nicht um die Produktion von Delikatessen wie Masthühner oder Kapaune. Columella erwähnt sie zwar, aber als Verfahren zum Kapaunisieren nennt er nicht das Entfernen der innenliegenden Hoden, wie es heute noch praktiziert wird, sondern das Ausbrennen der Sporne. Die Geschlechtsentwicklung des Hahnes wird dadurch wohl kaum gestoppt, vielmehr scheint es der Versuch gewesen

Das Hausbuch für die Gesundheit *von Ibn Butlân wurde vor 1064 auf Arabisch verfasst. Der Hühnerhof stammt aus einer prächtig illustrierten deutsch-lateinischen Ausgabe von 1450.*

zu sein, die Aggressivität der Hähne untereinander durch Entwaffnung im Konkurrenzkampf einzudämmen.

Hühner scheinen also nicht unbedingt als Junggeflügel verzehrt worden zu sein, darauf deuten auch die überlieferten

Rezepte aus dem römischen Kochbuch des Apicius aus dem 1. Jahrhundert n. Chr. hin. Er kennt 17 Hühnerrezepte mit diversen Saucen, aber immer wird das Huhn erst gekocht und dann gebraten, offenbar war das Fleisch sonst einfach zu zäh. Die Eier waren kleiner als die des heutigen Zwerghuhns, scheinen aber dennoch beliebt gewesen zu sein und wurden auch als Backzutat entdeckt. Horaz schreibt in seinen Satiren von einem Gastmahl »ab ovo usque ad mala«, denn ein gutes Mahl beginnt mit einem Ei als Vorspeise und Obst zum Dessert – im Gegensatz zu einer guten Erzählung, die gerade nicht »ab ovo« beginnen, sondern gleich »in medias res« gehen und ohne Umschweife in die Handlung einsteigen soll.

Die wirtschaftliche Hühnerhaltung in römischer Zeit richtete sich nach dem biologischen Rhythmus des Huhnes, den Jahreszeiten sowie den Ressourcen und Bedürfnissen des Hofes. Auffallend ist, dass die Hühner, wie die Ausgrabungen zeigen, deutlich größer waren als das Bankivahuhn und mit dem Ende des Römischen Reiches wieder schrumpften. Offenbar hörte man in der Spätantike auf, die Hühner gezielt nach Leistung und Größe zu selektieren und zu verpaaren, sodass man in der Folge von Landschlägen spricht, die sich in bestimmten Gebieten entwickelten und an die regionalen Bedingungen angepasst waren. Aufgrund der relativ geschlossenen Zuchtpopulationen konnten sich so durch zufällige Mutation verschiedene Rassen herausbilden, ohne dass diese züchterisch bearbeitet wurden. Dies änderte sich erst im 19. Jahrhundert mit dem allgemeinen Interesse an Abstammung und Vererbung und dem Aufkommen der Rassegeflügelzucht.

Hühnerfieber

Wer zugrunde gehen will und nicht weiß wie,
der halte sich viel Federvieh.
ALTES SPRICHWORT

Wenn Börsenratgeber heute erklären wollen, mit welcher Irrationalität Märkte reagieren können, beschreiben sie gerne das berühmte Tulpenfieber in den Niederlanden des 17. Jahrhunderts, das als eine der ersten Spekulationsblasen in die Geschichte eingegangen ist. Weniger bekannt ist hierzulande dagegen das Hühnerfieber, das sich Mitte des 19. Jahrhunderts vor allem in England und den USA ausbreitete. George P. Burnham schrieb 1855, unmittelbar nach dem Platzen dieser Blase, in seinem Buch *The History of the Hen Fever. A Humorous Record*: »Wahrscheinlich wurde noch nie in der Geschichte der modernen ›Blasen‹ irgendeine Manie an Lächerlichkeit oder der Zahl ihrer Opfer von diesem unerklärlichen Humbug übertroffen, dem ›Hühnerfieber‹.«[1]

Ausgangspunkt dieser in Vergessenheit geratenen Geschichte ist die königliche Menagerie von Queen Victoria in Windsor Castle, für die ihr die Seefahrer des Empire seltene Tiere aus aller Welt brachten. Besonderes Gefallen fand Victoria an einer Hühnerschar, zwei Hähne und sechs Hennen, die Kapitän Edward Belcher 1842 aus Asien mitbrachte. Zwar kannte man in England neben den regionalen auch exotischere Rassen, etwa

Am 23. Dezember 1843 berichtet The Illustrated London News *exklusiv über die Königin und ihre Cochin-Chinas im eleganten neuen Hühnerhaus auf Schloss Windsor.*

malaiische Kampfhühner für den populären Hahnenkampf, aber solche Hühner wie diese Cochin-China hatte man noch nicht gesehen. Es waren ungewöhnlich große Tiere mit langen Beinen und Hälsen, dichtem rotbraunem Gefieder und grünschwarzen Schwanzfedern. Die Königin schenkte ihnen eine eigene Voliere samt Wärter, um die ruhigen und zutraulichen Vögel stundenlang beobachten zu können.

Die Gesellschaftsblätter verbreiteten die Nachricht vom neuen Zeitvertreib der Monarchin, und so kam das königliche Geflügel zunächst in England und bald auch in den Vereinigten

Staaten in Mode. Es wurde auf Ausstellungen und Wettbewerben gezeigt, so auf der Bostoner Geflügelschau von 1849, wo Zehntausende von Besuchern die ausgestellten Tiere bestaunten. Es folgten immer neue, immer größere Schauen, für die neben den Cochin-Chinahühnern weitere neue Züchtungen aus Asien importiert wurden, für die ein wohlhabendes Publikum immer höhere Summen zu zahlen bereit war. Ärzte, Rechtsanwälte, Kaufleute, alle wollten plötzlich Hühner als Luxusgut besitzen, sie vermehren und damit spekulieren. Die Preise, die aufgerufen wurden, entsprechen heute bis zu 2000 Euro für ein Huhn oder 30 Euro für ein einzelnes Brutei. Und da viele noch nie ein Ei dieser Gigantenhühner zu Gesicht bekommen hatten, bekamen sie für ihr Geld auch schon mal Eier von Enten oder Puten untergemogelt, sogar von Straußen, die aus dem Ei schlüpften, wurde berichtet. Burnham selbst war clever und konnte mit einer gezielten Marketingaktion – er schickte der erfreuten Victoria 9 Hühner seiner Neuzüchtung von Brahmas, einer Hühnerrasse mit asiatischem Einschlag – großen Profit machen. Doch wenn man seinen aberwitzigen Aufzeichnungen auch nur im Entferntesten Glauben schenken mag, so hat das Hühnerfieber eine Menge Gauner, überforderte Neuhühnerbesitzer und düpierte Bankrotteure hervorgebracht.

Eine literarische Verarbeitung der Cochin-China-Mode findet sich in Herman Melvilles Kurzgeschichte *Kikeriki oder Das Krähen des edlen Hahnes Beneventano* von 1853, die in ihrer seltsamen Todessehnsucht bereits das Ende erahnen lässt. Schließlich war der Markt mit überteuertem Rassegeflügel so übersättigt, dass 1855 die Blase platzte: »Sie können sie nicht loswerden, diese Vögel!«, zitiert Burnham einen der Züchter, und weiter:

> *Es ist nutzlos zu versuchen, sie zu verkaufen; du kannst sie nicht weggeben, niemand wird sie nehmen. Du kannst sie nicht verhungern lassen, denn dann werden sie wild und gefährlich und treten die stärkste Schranktür ein, und du kannst sie nicht töten, denn sie sind hart wie Nashörner und zäh wie Katzen.*[2]

Ein spätes Echo findet das kurze Hühnerfieber im neuen Trend zum Luxushuhn, der heute unter den reichen Bewohnern des Silicon Valley verbreitet ist. Das Cochin und andere alte Rassen sind wieder zum Statussymbol avanciert und werden als handaufgezogene Raritäten mit besonderen Charaktereigenschaften erworben und in einem liebevoll gestalteten Gehege im Garten präsentiert. Manche dürfen sogar mit ins Haus, aber da sie nun mal nicht stubenrein werden, gibt es für sie auf speziellen Internetseiten neben Sweatern, Tutus oder Hüten auch hübsch bedruckte Stoffwindeln.[3]

In historischer Perspektive lässt sich am Hühnerfieber ein ganz neues Interesse am Huhn ablesen: Man fand es faszinierend, eine Vielzahl an neuen Züchtungen hervorzubringen – was nicht zuletzt ein entscheidender Ideengeber für Darwins Evolutionstheorie war. Die Züchter wetteiferten um die Schönheit und Besonderheit von Körperhaltungen, Farbschlägen und Kämmen – einfach oder dreifach, mit Federhaube oder als Becher, Krone, Rose –, der Vergleich mit der Zucht der edlen Blume liegt nahe. Wie Töpfererde habe man die Dschungelhühner in »beautiful, bizarre or monstrous races« geformt, um auf den zahllosen Wettbewerben und Ausstellungen hohe Preisgelder zu gewinnen, schreibt der amerikanische Ornithologe William Beebe in *Monograph of the Pheasants* (1918). Um die

Zucht zu organisieren, wurden nationale Standards definiert und Institutionen wie die American Poultry Association gegründet, die den *American Standard of Perfection* zur Bibel der Hühnerzüchter erhob, oder der Poultry Club of Great Britain, beide aus den 1870er-Jahren. Deutschland folgte 1881 mit dem Bund deutscher Rassegeflügelzüchter.

Von den Hunderten von Züchtungen aus dieser Zeit existieren heute noch viele, allein in Europa sind es etwa 180 anerkannte Rassen. Sie werden in ihrer ganzen Vielfalt ausschließlich von Hobbyzüchtern erhalten, wirtschaftlich haben sie keine Bedeutung. Dennoch sind sie ein wertvolles Reservoir an Biodiversität, weshalb sich in Deutschland die Gesellschaft zur Erhaltung alter und gefährdeter Haustierrassen (GEH) gegründet hat, die auch eine Rote Liste der vom Aussterben bedrohten deutschen Hühnerrassen führt. An ihren Namen kann man erkennen, dass sie oft regionalen Ursprungs sind, sie heißen Ostfriesische Möwen, Thüringer Barthühner, Bergische Schlotterkämme oder Westfälische Totleger.

Was hat es eigentlich mit dem schwierigen Begriff Rasse auf sich? Haustiere sind züchterische Überformungen von Wildtieren durch den Menschen, die aber grundsätzlich die Artgrenze nicht überspringen. Ein Haushuhn lässt sich also mit seinem wilden Vorfahren verpaaren und bekommt fruchtbare Nachkommen. Und jedes Rassehuhn kann sich mit jedem anderen Rassehuhn verpaaren, auch wenn die Hühner selbst Partner bevorzugen, die ihnen ähnlich sehen. Rassen können als Herausbildungen verschiedener Phänotypen verstanden werden. Die Definition eines Rassestandards legt somit fest, was als eine Hühnerrasse in einem bestimmten geografischen Gebiet

Hühner. 1. Englischer Kampfhahn – 2. Malaien – 3. Jokohama – 4. Weiße, 5. Gelbe, 6. Schwarze Kochinchina – 7. Breda – 8. Brahmaputra – 9. Crève-coeur – 10. La flèche – 11. Dorking –

12. Houdan – 13. Italiener – 14. Spanier – 15. Brabanter – 16. Poland – 17. Strupphahn – 18. Goldbantam – 19. Weiße, 20. Seidenhaar-, daneben bunte englische Zwerghühner.

gilt, und bestimmt die definierbaren und identifizierbaren Merkmale sowie die verschiedenen Typen und Varietäten, die es innerhalb einer Rasse geben darf, etwa sogenannte Farbschläge, also Gefiederfarben. Auch wenn innerhalb einer Rasse eine hohe genetische Ähnlichkeit besteht, hat die Einteilung von Haustieren in Rassen eher kulturelle Gründe, weshalb man im Englischen häufig von Züchtungen, also von *breed* statt von *race* spricht.

Der belgische Künstler Koen Vanmechelen setzt sich kritisch mit der Überformung des Huhnes durch ein Denken in Rassen und Nationen auseinander und startete 1999 in Labiomista auf dem Gelände eines ehemaligen Zoos, den ihm die Stadt Genk als Museum, Atelier und Labor überlassen hatte, das *Cosmopolitan Chicken Project*. Dafür wählte er aus jedem Land eine Hühnerrasse aus, die in besonderer Weise die kulturelle Charakteristik dieses Landes verkörpert, etwa das berühmte Bresehuhn aus Frankreich. Zu Beginn seiner Zuchtreihe kreuzte er zunächst zwei dieser nationalen Vertreter. Deren Nachkommen verpaarte er dann mit dem nächsten Rassehuhn und fügte immer weiter eins hinzu. Auf diese Weise sind inzwischen 27 Hühnerrassen zum *Cosmopolitan Chicken* in einem Prozess zusammengekreuzt worden, der immer noch andauert.[4] Koen Vanmechelen will damit zeigen, dass die bestehenden nationalen Hühnerrassen als Symbole der Nationenbildung des Menschen genetische Sackgassen sind und seine Kreuzungen die Zukunft verkörpern, weil sie divers, resilient und kosmopolitisch sind. Vanmechelens Botschaft ist klar: »The chicken, that's us.« Sein *Cosmopolitan Chicken Project* verkennt jedoch, dass die genetische Vielfalt des Haushuhns durch die Vielfalt der Züchtungen weitergetragen wird, die Teil unseres kulturellen Erbes sind. Dieses ist bedroht, weil es das globale Huhn längst gibt. Denn das ist das Paradox: Die Entdeckung der Veränderbarkeit von Lebewesen durch Züchtung führt heute eben nicht zu Vielfalt, sondern zu extremer genetischer Verengung. Die 33 Milliarden Hühner, die es heute auf der Welt gibt, gehen auf nur zwei oder drei Rassen zurück, die während des Hühnerfiebers in den USA gezüchtet wurden. Das leichte und agile Leghorn wurde ausgewählt, weil es mit dem wenigsten Futter die meisten Eier legte, das schwere Plymouth Rock, weil es schnell an Gewicht zunahm. Erst die darauf aufbauende Herausbildung sogenannter Einnutzungslinien, die nur zum Eierlegen oder nur zu Mast geeignet sind, wurde zum entscheidenden Baustein der Intensivtierhaltung seit dem 20. Jahrhundert.

Das idyllische Leben auf dem Hühnerhof mit Leiter und Misthaufen malte d'Haite 1885 in Chickens near a Water Trough.

Tiermaschinen

Es muß uns daher rätselhaft bleiben, wie es der Mensch anfing, die freiheitliebenden Wildhühner zu vollendeten Sklaven zu wandeln.

ALFRED BREHM

In der Rückschau fällt es schwer, die Erzählungen vom Heldenmut des stolzen Hahns und der liebevoll sorgenden Henne nicht mit einer gewissen Ironie zu unterlegen. Man schiebt sie gerne in die komischen Rollenfächer, der eitle Gockel, die überbehütende Glucke oder das dumme Huhn. Walt Disneys Zeichentrickfilm *Chicken Little*, der 1943 in die Kinos kam, zeigt eine leichtgläubige Hühnerschar, die vom schlauen Fuchs in die Irre geführt und gefressen wird. Anstelle des Psychologiebuches, das der Fuchs zurate zieht, war zunächst *Mein Kampf* geplant, wurde aber verworfen, um den Film auch nach Kriegsende verwerten zu können.

Als aufrechte und fürsorgliche Vorbilder für ein gelungenes Leben findet man Hühner heute nur noch in Kinderbüchern wie dem internationalen Bestseller *Das Huhn, das vom Fliegen träumte* von Sun-Mi Hwang. Hier steht der Traum der einzelnen Henne vor dem Hintergrund der vielen anderen Käfighühner, die nicht die Kraft und Intelligenz haben, ihr Schicksal selbst zu bestimmen. Die Kinder der chinesischen Oberschicht dagegen werden ›gehuhnt‹. Der Ausdruck geht auf eine Praxis der chinesischen Medizin zurück, bei der Menschen frisches

Hühnerblut gespritzt wurde, um ihnen den Elan eines aufgescheuchten Huhnes zu geben. Das ist heute verboten, geblieben ist der Begriff, der sich darauf bezieht, schon kleine Kinder unter permanenten Leistungsdruck zu setzen, damit sie die besten Chancen auf gesellschaftlichen Erfolg haben.

Nun kann man sicher sagen, dass in hoch individualisierten Gesellschaften die besonderen Eigenschaften eines Herdentieres nicht als Vorbild taugen. Aber es fällt auf, dass sich die Vorstellung, Hühner seien dumm, noch gar nicht so lange finden lässt und erst seit einem Jahrhundert in der Welt ist. Vielleicht hat unsere Geringschätzung des Huhnes mit seiner totalen Ausbeutung seit dieser Zeit zu tun. Wir haben das Lebewesen ausgeblendet, auch in unserer Sprache, und sprechen stattdessen von Veredelungsprodukten und Tiermaterial.

Dieser jüngste Teil der Geschichte von Mensch und Huhn ist das Ergebnis naturwissenschaftlicher Entdeckungen, technologischer Entwicklungen und sozialer Verschiebungen in Form von Migrationsbewegungen und Bevölkerungswachstum. In einem jungen Einwanderungsland wie den USA mit seinem ungebrochenen Pioniergeist, Aufstiegswillen und Fortschrittsglauben konnten diese Stränge Ende des 19. Jahrhunderts erstmals zusammenlaufen. Angefangen hat alles in zwei idyllischen Küstenstädtchen in der amerikanischen Provinz, sie sind bis heute die Zentren der Eierproduktion und Broilermast in den USA.

Im milden Klima der kalifornischen Westküste sollte in Petaluma der junge Kanadier Lyman Byce von einer Krankheit genesen und verbrachte seine Zeit damit, zusammen mit dem örtlichen Zahnarzt Isaac Dias an einem Inkubator zu tüfteln.

Ein Festwagen von 1923 zeigt Petaluma in Kalifornien als den »Eierkorb der Welt, wo sechs Millionen Hühner sechshundert Millionen Eier legen«.

Ihr Apparat ist eine Art Holzkiste auf einem Tischgestell mit Glastüren an der Vorderseite, durch die Laden für insgesamt 650 Eier geschoben werden können. Dic konstante Temperatur wird durch eine Öllampe erzeugt und mechanisch geregelt, die Eier werden von Hand gewendet. Das Gerät wurde ab 1879 auf Landwirtschaftsmessen vorgeführt und war ein Verkaufsschlager, noch im selben Jahr gab es die erste Fabrik für Inkubatoren in Petaluma. Abnehmer waren zunächst vor allem die Farmer selbst, um sich mit Küken zu versorgen, aber binnen Kurzem siedelten sich auch gewerbliche Brütereien und Futtermittelhersteller in der Region an. Betrachtet man Fotos aus dieser Zeit, so fallen neben den eher kleinen Stallgebäuden die Wiesen auf, auf denen sich Herden weißer Hühner tummeln. Es sind allesamt Leghorn-Hennen, eine amerikanische Züchtung aus dem Italienerhuhn, die die für damalige Verhältnisse immense Zahl von bis zu 200 Eiern im Jahr legen konnten. Das machte Petaluma zu *the world's egg basket*, wie sich die Stadt selbst nannte. Jahr für Jahr wurden hier Millionen von Eiern produziert, die dank der guten Bahn- und Schiffsanbindung weit über die Region von San Francisco hinaus in die gesamten USA, nach Südamerika und sogar nach Europa transportiert wurden.

Der Traum von der eigenen Farm lockte viele Einwanderer in die ehemalige Goldgräberstadt. Darunter offenbar auch viele, die nicht ahnten, worauf sie sich einließen. Einen Überraschungserfolg landete Betty MacDonald mit ihrem Buch *Das Ei und ich*, in dem sie auf humorvolle Weise die Hürden auf ihrem Weg von der Städterin zur Hühnerfarmerin in den 1920er-Jahren beschrieb. Die Hollywoodverfilmung mit Claudette Colbert aus dem Jahr 1947 spielte 5 Millionen Dollar ein und begründete als *rural comedy* ein neues Genre. Vielleicht hatte der Ehemann von Marlene Dietrich den Film gesehen – auch er kehrte dem Filmgeschäft den Rücken und wurde Hühnerfarmer in Kalifornien.

Mit dem Eintritt der USA in den Ersten Weltkrieg 1917 wurden die Haltung von Hühnern und der Verzehr von Eiern sogar zur patriotischen Pflicht. »Uncle Sam expects you to keep hens and raise chicken«, hieß es in landesweiten Aufrufen. Das Kriegsministerium organisierte die notwendige Logistik, um die Verteilung der Legehennen im ganzen Land sicherzustellen. Die Bevölkerung sollte Eier essen, denn Rind- und Schweinefleisch wurden zu den Truppen und ihren Verbündeten nach Europa verschifft. Auf die Idee, im Kampf gegen die Deutschen auf Geflügelfleisch zurückzugreifen, kam niemand, denn eine Aufzucht von Masthühnern gab es zu dieser Zeit nicht.

Die Gründungserzählung der amerikanischen Broilerwirtschaft beginnt erst 1923 mit Cecile Long Steele aus Ocean View, Delaware. Um ihren Bestand an Legehennen zu erneuern, gab sie wie jedes Frühjahr eine Bestellung bei einer Brüterei auf. Statt der 50 bestellten Küken erhielt sie jedoch 500. Sie beschloss, alle zu behalten, baute ihnen einen Holzschuppen mit Kohleöfchen (heute ein *National Historic Place*), zog sie auf und verkaufte sie nach 16 Wochen als Schlachtgeflügel an einen Händler. Da sie ihre Hühner sehr früh im Jahr angeboten hatte, war ihr Gewinn aus dem Verkauf dieser sogenannten *spring chicken* so hoch, dass sie im nächsten Jahr ihre Bestellung verdoppelte und 1000 Küken bestellte, dann 10 000.

Ocean View liegt auf der Halbinsel Delmarva, die sich aus den Bundesstaaten Delaware, Maryland und Virginia zusammensetzt, und hat Städte wie Washington, Philadelphia und vor allem New York in Reichweite. Große Märkte für die Hähnchen von Mrs Steele und ihren Nachbarn, die es ihr bald nachmachten. Schon 1926 wurde die Millionengrenze an Masthühnern aus Delmarva überschritten, wenig später waren es bereits 7 Millionen. Herbert Hoover, dessen Verantwortung für die Rationierung von Lebensmitteln während des Ersten Weltkriegs vielen noch in Erinnerung war, versprach während seines Wahlkampfes in einer Anzeige in der *New York Times* im Oktober 1928 »ein Huhn in jedem Topf« und wurde damit zum Präsidenten der Vereinigten Staaten – ein Slogan, der sich beim französischen König Heinrich IV. bedient, der für alle seine Untertanen ein Huhn im Topf wollte, allerdings nur sonntags.

Wanted! Die Supermarktkette A&P setzt 1948 ein hohes Preisgeld für das größte, fleischigste und wüchsigste Masthähnchen aus.

Damit Delmarva führend in der Produktion von Broilern werden konnte, bedurfte es nicht nur Brütereien und Mäster, sondern auch der Entwicklung von Impfstoffen, Vitaminpräparaten und Antibiotika, ohne die eine ganzjährige Stallhaltung einer großen Anzahl von Tieren nicht möglich ist. Fehlendes Sonnenlicht führt insbesondere zu einem Mangel an Vitamin D, das in der Leber von Fettfischen reichlich vorhanden ist. Nicht nur Kinder bekamen daher bis in die 1960er-Jahre täglich einen Löffel Lebertran, um Knochendeformationen vorzubeugen, auch in der Geflügelfütterung wurde es universell eingesetzt, sodass die moderne Geflügelindustrie ohne Lebertran nicht hätte entstehen können.

Die amerikanischen Truppen und ihre Verbündeten waren auch im Zweiten Weltkrieg vorrangig mit Rind- und Schweinefleisch beliefert worden, für die Ernährung der einheimischen Bevölkerung hatte man die Mast von Hähnchen massiv ausgeweitet. Dieser neue Markt drohte nach dem Krieg einzubrechen. Die kaufkräftige Mittelschicht in den Einfamilienhäusern der Vorstädte wollte lieber ein Steak auf dem Grill haben und nicht den damals eher schlanken Vogel. Um die Geflügelbranche zu stützen, sollte die Nachfrage mit fleischigeren, saftigeren und zarteren Züchtungen wieder angekurbelt werden. Das Landwirtschaftsministerium initiierte einen landesweiten Wettbewerb für das *Chicken of Tomorrow*, gesponsert von der Supermarktkette A&P.[1] Das Ideal des *Chicken of Tomorrow* hatte man aus Wachs geformt, es war ein pralles Modell mit dicken Schenkeln und breiter Brust, mehr eine kleine Pute als ein Huhn. Gewinnen sollte das Tier, das dieser Zukunftsfantasie am nächsten kam. Der Wettbewerb fand 1948 an der Universität von Delaware statt. Er wurde medienwirksam inszeniert mit landesweiter Berichterstattung, Paraden und der Kür einer jungen Frau zur nationalen Chicken-of-Tomorrow-Queen. Um den Sieger unter den Hühnern zu finden, überwachten Wissenschaftler den Futterverbrauch und die Gewichtszunahme während der zwölfwöchigen Mast der Küken von vierzig Finalisten, die sich in sechs regionalen Wettbewerben für die Teilnahme am nationalen Wettbewerb qualifiziert hatten. Die Brüder Vantress aus Kalifornien gewannen mit ihrer Kreuzung aus Red Cornish und New Hampshire den mit 5000 Dollar dotierten Preis. Sieger bei den reinrassigen Züchtungen war ein weißes Plymouth Rock von Henry Saglio, Sohn italienischer Einwanderer aus Connecticut. Auch eine zweite Austragung des Wettbewerbs 1951 konnten diese drei für sich entscheiden.

Henry Saglio nutzte seinen Erfolg, um die elterliche Gemüsefarm Arbor Acres auf Hühnerzucht umzustellen. Er kreuzte das Vantress-Huhn mit seinen Plymouth Rocks und züchtete ein fleischiges Masthuhn, das doppelt so schnell wie andere zur Schlachtreife heranwuchs und schließlich den amerikanischen Markt dominierte. Von zehn Hühnern waren acht, die auf den amerikanischen Tellern landeten, ›Arbor Acres‹. Als Henry Saglio 2003 im Alter von 92 Jahren starb, veröffentlichte die *New York Times* einen ihrer seltenen Nachrufe unter dem Titel *»Father« of Poultry Industry*.

Der Wettbewerb um das *Chicken of Tomorrow* trägt seinen Namen zu Recht. Heute stammt jedes der Milliarden Hybridhühner, die weltweit gemästet werden, von den Siegern aus Delaware ab. Henry Saglios Unternehmen gehört inzwischen zum schottischen Aviagen-Konzern, der wiederum 2005 von der EW

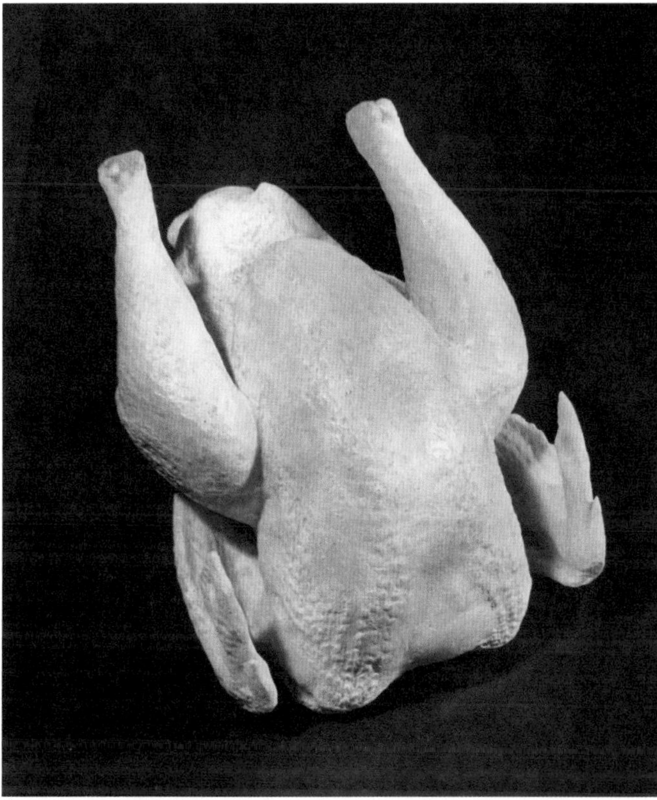

Damals Zukunftsmusik, heute in jedem Supermarkt. Das Wachsmodell eines idealen Broilers stand Pate im Wettbewerb um das Chicken of Tomorrow.

Group übernommen wurde. Das deutsche Unternehmen ist im Besitz der Familie Wesjohann aus Visbek im Landkreis Vechta, der deutschen Hühnerhochburg in Niedersachsen. Firmengründer Erich Wesjohann wurde vom *Manager Magazin* nicht nur zum Vater, sondern gleich zum »Gott des Geflügels« gekürt, denn mit dem Erbgut von Hühnern hat er es auf Platz 20 der reichsten Deutschen geschafft. Hervorgegangen ist der Konzern aus der Geschäftsidee seines Vaters Paul Wesjohann. Dieser hatte 1957 eine europäische Lizenz für die Zucht und den Vertrieb von Masthybriden von Nichols Poultry erworben, die 1951 den zweiten Platz beim Chicken-of-Tomorrow-Wettbewerb belegt hatten. Neben Aviagen gibt es weltweit nur noch drei weitere Zuchtunternehmen für Masthühner. Noch konzentrierter ist die Zucht von Legehennen, bei der sich die EW Group mit ihrer Tochter Lohmann Tierzucht aus Cuxhaven den Weltmarkt mit nur noch einem Konkurrenten teilt, Hendrix Genetics aus den Niederlanden. Der Käufer eines Lohmann-Huhns hat im Wesentlichen die Wahl zwischen den weißen Legehybriden ›Lohmann LSL Classic‹ (LSL steht für ›Lohmann Selected Leghorn‹) und den braunen ›Lohmann Brown Classic‹. Bei den Legehybriden lässt sich von der Gefiederfarbe auf die Eifarbe schließen, was bei anderen Rassehühnern nicht immer der Fall ist. Die Farbe der Eierschale ist genetisch bedingt und hat keinen Einfluss auf die Qualität, auch wenn viele Menschen glauben, braune Eier seien gesünder.

Diese wenigen Unternehmen bestimmen, welche Hybridhühner mit welchen Eigenschaften auf den Markt kommen. Was die Zucht von Lege- und Masthybriden so profitabel macht, ist die Unmöglichkeit der Nachzucht durch den Käufer. Die gewünschten Eigenschaften wie schnelles Wachstum oder hohe Legeleistung werden durch gezielte Kreuzung erreicht, bei der ein Phänomen auftritt, das als Heterosis bezeichnet wird und das genetisch bis heute nicht vollständig erklärt ist. Heterosis bedeutet, dass bei Kreuzung reinerbiger Tiere aus zwei Inzuchtlinien die durchschnittliche Leistung der Nachkommen höher ist als die der Eltern. Dieser erwünschte Heterosiseffekt nimmt jedoch wieder ab, wenn die Hybridtiere weiter miteinander verpaart werden.

In der Geflügelzucht hat sich die Vier-Wege-Kreuzung durchgesetzt, bei der aus vier Inzuchtlinien zunächst jeweils männliche und weibliche Hybridtiere, die Elterntiere, erzeugt werden, aus deren Paarung dann das Huhn mit den gewünschten Eigenschaften hervorgeht. Es handelt sich um einen organisatorisch aufwendigen und hochgradig arbeitsteiligen Prozess, bei dem die Tierzuchtbetriebe die Inzuchtlinien verpaaren und die daraus entstehenden Hybriden in Aufzucht- und Vermehrungsbetrieben zur Geschlechtsreife gebracht werden, um erneut verpaart zu werden. Erst die Nachkommen dieser Kreuzung gehen dann an die Mast- und Legehennenbetriebe.

Gerade die Elterntierhaltung von Masthühnern ist aus Tierschutzsicht problematisch, wird aber in der Öffentlichkeit selten diskutiert. Die Hennen in diesen Haltungen sind häufig verletzt, da die schweren Hähne den Deckakt oft brutal erzwingen. Und da Masthühner auf hohen Fleischansatz gezüchtet werden, werden sie sehr restriktiv gefüttert, da sonst die Deckbereitschaft der Hähne gering und die Sterblichkeit hoch wäre. Da sie deshalb nur 20 Minuten am Tag fressen dürfen, leiden die Tiere Hunger, sind gestresst und entwickeln Verhaltensstörungen. Schaut man auf die *Five Freedoms*, die das Farm Animal Welfare Committee 1993 für das Wohlbefinden von Nutztieren formuliert hat – frei von Hunger, Durst und Mangelernährung,

Homestory aus der Brüterei. Mr. James von Sterling Poultry aus Essex präsentiert publikumswirksam Schubladen voller Eintagsküken in einem Inkubator.

frei von Unbehagen, frei von Schmerzen, Verletzungen und Krankheiten, frei von Angst und Leiden, frei zum Ausleben normaler Verhaltensweisen –, so wird ihnen keine dieser Freiheiten gegeben.

Das Wohlergehen von Nutztieren hängt nicht nur von einer artgerechten Haltung, sondern auch von einer artgerechten Zucht ab. Masthybriden sind so gezüchtet, dass sie in wenigen Lebenswochen vor allem im Brustbereich sehr schnell Fleisch ansetzen, nur können weder das Herz-Kreislauf-System noch der Skelettaufbau mithalten, verformte Knochen und kranke Gelenke sind die Folge. Gerade zu Ende der Mast haben die Tiere Schmerzen und bewegen sich kaum noch, oft erleiden sie einen plötzlichen Herztod. Versuche haben gezeigt, dass Masthybriden freiwillig ein bitter schmeckendes Futter wählen, wenn es Schmerzmittel enthält. Bei Legehybriden sind Eileiterentzündungen durch die Zucht auf viele und große Eier häufig, fast alle Tiere haben im Laufe ihres Lebens Brustbeinbrüche erlitten, da den Knochen zu viel Kalzium für die Bildung der Eischale entzogen wird. Diese Probleme der Zucht sollten viel stärker ins Bewusstsein rücken, denn bisher findet man die ›Turbohühner‹ in allen deutschen Haltungsformen, ob Bio oder konventionell.

Das Nachdenken über Alternativen zu den Einnutzungslinien führt in ein Dilemma, wenn man einseitig auf die hohen Leistungen schaut. Ein Legehybrid legt etwa 320 Eier pro Jahr, ein Masthybrid wächst in 40 Tagen mit nur 4 Kilo Futter bis zur Schlachtreife mit einem Lebendgewicht von knapp 2,5 Kilogramm heran – eine gleichaltrige Legehenne wiegt dann nicht einmal 500 Gramm. Schaut man aber auch darauf, wie man den Hühnern die fünf Freiheiten geben kann, gibt es durchaus Alternativen. In der Schweizer Biohaltung, die langsamer wachsende Masthybriden vorschreibt, ist man hier schon weiter, denn auch diese Züchtungen gibt es bereits. Und auch jenseits der Hybridzucht gibt es eine ganze Reihe von Versuchen mit Zweinutzungshühnern, etwa die Züchtungen der Ökologischen Tierzucht der beiden Bioverbände Demeter und Bioland, die der Hühnerhalter auch selbst vermehren kann. Mit solchen Tieren wären viele der Probleme der Geflügelhaltung gelöst, andere stellen sich neu, denn mehr Futter und mehr Zeit bedeuten höhere Preise und einen größeren CO_2-Fußabdruck. Aber das ist der nächste notwendige Schritt zum Huhn von morgen.

Eine Frage der Haltung

»Ei was, du Rotkopf«, sagte der Esel, »zieh lieber mit uns fort, wir gehen nach Bremen, etwas Besseres als den Tod findest du überall.«
DIE BREMER STADTMUSIKANTEN

Am 13. November 1973 läuft zur besten Sendezeit *Ein Platz für Tiere* in der ARD, moderiert von Bernhard Grzimek, dem Tierprofessor der Nation. »Guten Abend, meine lieben Freunde«, begrüßt er wie jede Woche mit näselnder Stimme seine Zuschauer, doch das bereitet das Publikum nicht im Geringsten auf den folgenden Beitrag vor: Keine Aufnahmen von Giraffen, Löwen oder anderen exotischen Tieren aus Afrika, für die Grzimek so berühmt ist, sondern von Hühnern, Schweinen und Kühen in deutschen Ställen.

Grzimek schafft an diesem Abend erstmals ein breites öffentliches Bewusstsein dafür, dass sich die Nutztierhaltung in der jungen Bundesrepublik fundamental verändert hatte und dass dies auf Kosten der Tiere geschah. Dafür findet er eine einfache, aber wirkungsvolle Bildsprache, die die Tiere zuerst in traditioneller Freilandhaltung zeigt, und dann die Realität der modernen Intensivtierhaltung. So ist eine Glucke mit ihren Küken im Garten scharrend zu sehen, während Grzimek das Verhalten der Hühner, ihre Sprache und ihre Bedürfnisse erklärt, kontrastiert mit Aufnahmen von Eintagsküken in Drahtkäfigen und zusammengepferchten Masthühnern in großen Hallen, die

Julia hat ein wachsames Auge auf den Betrachter. Der Maler Ben Austrian hatte die Henne trainiert, ihm Modell zu sitzen. Hier als Glucke umringt von ihren Küken in Motherhood, *1897.*

an den Füßen hängend am Schlachtband enden. Wie neu dieses System ist und woher es kommt, macht sein Kommentar deutlich: »Wir Deutschen haben ja das Backhähnchenessen von den Amerikanern übernommen.«

Der längste Teil der Reportage zeigt die Haltung von Legehennen in mehrstöckigen Batteriekäfigen, zunächst von gesund aussehenden Tieren – »so sieht es aus, wenn Professor Grzimek so etwas aufnehmen will, da sind keine kahlen Hühner dazwischen und keine zerhackten« –, dann folgen erschütternde Nahaufnahmen von federlosen Hennen und von toten Tieren, auf denen die anderen in der Enge stehen müssen. Grzimek schildert die Hühnerhaltung in den »Legefabriken«, die viel zu vollen Käfige, das Federfressen, bei dem ein Huhn kahl oder blutig gepickt wird, das schmerzhafte Abschneiden der Schnabelspitzen und das Leben in Dunkelheit, auch die hohe Sterblichkeit in den Ställen.

Ähnliches berichtet er von den Masthühnern, bei denen er vor Antibiotikaresistenzen durch den krankheitsvorbeugenden Einsatz und als Wachstumsförderer in der Mast warnt, ebenso wie vor einer Umweltbelastung durch den vielen Kot der Tiere. Sein Urteil ist eindeutig, die Schuldigen sind es auch:

> *Natürlich erfüllt die Massentierhaltung voll und ganz den Tatbestand der Tierquälerei auch nach dem neuen Tierschutzgesetz* [...]. *Kein Zweifel, daß die eindeutigen Gutachten der zuständigen Forscher, zum Beispiel aus dem Max-Planck-Institut für Verhaltensphysiologie, unberücksichtigt bleiben werden und der Bundeslandwirtschaftsminister sich dafür die Ansicht der Futtermittelindustrie, ihrer Fachleute und der Landwirtschafts-Wissenschaftler zu eigen machen wird, die seit Jahrzehnten darauf ausgerichtet sind, die Landwirtschaftserträge zu steigern, koste es, was es wolle.*[1]

Für Grzimek war das Huhn nicht irgendein Tier, wie er selbst immer wieder betont hat. Schon als Jugendlicher züchtete er Antwerpener Bartzwerghühner und schrieb für die *Geflügel-Börse*, das Fachmagazin der Rassegeflügelzüchter. Später studierte er Tiermedizin, wurde über das Huhn promoviert und schrieb in den 1930er-Jahren mehrere sehr erfolgreiche Geflügelbücher, die bis in die 1950er-Jahre nachgedruckt wurden, darunter *Das Eierbuch* über den sachgemäßen Umgang mit Hühnereiern, sein Aufgabengebiet als Mitarbeiter im Reichsernährungsministerium. Mit der Erforschung des Verhaltens von wilden Tieren beschäftigte er sich zwar schon in dieser Zeit intensiv, zum Hauptberuf wurde ihm das aber erst nach dem Krieg, als er zum Direktor des Frankfurter Zoos ernannt wurde. Um Tiere für den ausgebombten Zoo zu beschaffen, unternahm er Reisen nach Afrika, die für seine weitere Arbeit prägend wurden. Seine Fernsehsendung *Ein Platz für Tiere* wurde 1956 zum ersten Mal ausgestrahlt und binnen kürzester Zeit extrem populär.

Er nutzte seinen Einfluss immer wieder, um gegen Missstände in der Tierhaltung vorzugehen, etwa gegen den Betrieb eines zehnstöckigen fensterlosen Hühnerhochhauses, das 1966 mit öffentlichen Geldern in Berlin-Neukölln errichtet worden war und in dem 250 000 Hennen in Käfigbatterien die Westberliner Bevölkerung mit Eiern versorgen sollten, wobei täglich vierzig Tonnen Kot anfielen. 1972 wurde der Betrieb des Hennensilos eingestellt – nicht wegen der öffentlichen Proteste, sondern weil es wegen der zwischenzeitlich eingebrochenen Eierpreise nicht mehr rentabel war. Heute wird das Gebäude – mit Fenstern und ohne Hinweis auf seine frühere Nutzung – als Wohn- und Geschäftshaus vermarktet.

Bernhard Grzimeks Sendung von 13. November 1973 markierte in der BRD eine Zäsur in der öffentlichen Wahrnehmung von Tieren, die zur Gewinnung von Lebensmitteln gehalten werden. Hier schilderte zum ersten Mal jemand vor großem Publikum die Probleme, die die Massentierhaltung für die Tiere, die Umwelt und auch für die Landwirte bis heute mit sich bringt, um Fleisch, Eier und Milch billig zu produzieren. Schon 1964 hatte die Engländerin Ruth Harrison in *Tiermaschinen* die industrielle Ausbeutung von Nutztieren angeprangert. Das Buch hatte weltweit großen Einfluss, für die BRD kam es jedoch zu früh, denn Geflügel hatte in der deutschen Landwirtschaft bis in die 1960er-Jahre keine wirtschaftliche Bedeutung. Hühner wurden zwar auf fast allen Höfen gehalten, aber nur in Beständen mit weniger als 100 Tieren. Der Bauer war für die Rinder, Schweine und Pferde zuständig, die Bäuerin für die Hühner. »Die Geflügelzucht ist das Hätschelkind der ländlichen Frauen und Wirthschafterinnen, das Stiefkind der Landwirte und das Spielzeug der meisten Geflügelvereine«,[2] hieß es in einem Ausbildungsbuch für den Landwirt. Die Bäuerin konnte mit ihren Legehennen den eigenen Haushalt versorgen und erzielte aus dem Verkauf der Eier »unkontrollierte Beiträge«, hatte also ein eigenes Einkommen, über das der Bauer offenbar nicht genau Bescheid wusste und wissen sollte. Hühnerfleisch wurde im Allgemeinen nur wenig verzehrt, vor allem Suppenhühner, also ältere Hennen, die nicht mehr genügend Eier legten, und überzählige Hähne aus der Nachzucht. Für städtische Kundschaft war das Fleisch junger Hühner in etwa das, was heute frisches Kaninchenfleisch ist – rar und vergleichsweise teuer. Eine besondere norddeutsche Spezialität war das Hamburger Stubenküken. Nach vier Wochen Zucht in der Stube der Bäuerin großgezogen, konnte man die Hähne darunter bestimmen, die dann geschlachtet wurden und traditionell zu Ostern auf die Tische der Hamburger Bürgerschaft kamen.

Kein Ausweg, nirgends. Doug Argue malte in seinem Chicken Painting *von 1994 auf einer Fläche von 20 Quadratmetern unzählige Hennen, jede individuell, in Käfigbatterien mit Fluchtpunkt in der Unendlichkeit.*

Die Nachfrage nach Geflügelfleisch änderte sich erst Mitte der 1950er-Jahre. Die BRD wurde zum wichtigsten Absatzmarkt für Geflügelfleisch aus den USA. 1955 wurden erstmals 1 800 Tonnen gefrorenes Geflügel nach Deutschland exportiert, 1962 waren es bereits 78 000 Tonnen. Amerikanische Broiler setzten sich auf dem deutschen Markt durch, 1971 aß man hier pro Kopf und Jahr bereits knapp neun Kilo Geflügel, 20 Jahre zuvor war es nur ein Kilo. Der Vertrieb der küchenfertigen Tiefkühlkost war durch die Verbreitung von Kühltruhen in den Supermärkten und den Haushalten möglich geworden. Wem auch das zu viel Aufwand war, der ließ die Küche kalt und ging in den Wienerwald, von dem es 1964 bereits 125 Filialen gab, in denen Monat für Monat fast eine Million amerikanische Grillhähnchen serviert wurden.

An diesem Aufschwung sollten auch die deutschen Landwirte teilhaben und den Vorsprung aufholen, mit dem die USA und die Niederlande den deutschen Markt beherrschten. Die Ethnologin Barbara Wittmann, die in ihrem Beitrag *Vom Mistkratzer zum Spitzenleger* die Zeitschrift des Zentralverbands der deutschen Geflügelwirtschaft ausgewertet hat, sieht landwirtschaftliche Berater, Wissenschaftler und Zuchtforscher als treibende Kräfte.[3] Sie hatten auf Studienreisen in den 1950er- und 1960er-Jahren in den USA oder den Niederlanden die Zukunft der Geflügelwirtschaft gesehen. Nun propagierten sie auch in Deutschland die Produktion von Eiern und Fleisch in spezialisierten Betrieben mit ganzjähriger Stallhaltung von Hybridhühnern, getrennt in Lege- und Mastlinien.

Die in den USA erfolgreich erforschten wissenschaftlich-technischen Voraussetzungen – Einsatz von Hybridzüchtungen, ausgewogene Nährstoffzusammensetzung, Verabreichung von Medikamenten und kontrollierte Belüftung, Beleuchtung und Heizung im Stall – wurden nun auch in Deutschland umgesetzt. Barbara Wittmann beschreibt den Stolz der Wissenschaftler, die durch ihre Arbeit aus dem ›Stiefkind‹ Huhn ein herausragendes ›Veredelungsprodukt‹ gemacht hatten – im Sinne der Umwandlung von immer weniger Futtergetreide in immer mehr Fleisch und Eier. Bezeichnungen wie ›Automat‹ oder ›Tiermaterial‹ für die Tiere waren in dieser Zeit nicht negativ konnotiert, die Zuchterfolge beim Hybridhuhn machten es gewissermaßen zum perfekten menschlichen Erzeugnis. Diese Haltung findet sich beispielhaft bei Siegfried Scholtyssek vom Institut für Tierzuchtlehre in Hohenheim formuliert, dessen Melange aus Schreckensszenarien und technischer Sprache in einer Hybris mündet, die den Wissenschaftler zum neuen Schöpfer verklärt:

> *Hühner kennen viele nur auf Rasenflächen oder Misthaufen. Ob sie aber auf dem Misthaufen, bei zwangsläufiger Berührung mit Jaucherinnen und mit verschmutzten Ställen, mit windigen Hofecken oder brüchigen Hühnerleitern, besser aufgehoben sind als in einem klimatisierten Stall, das wird hiermit bestritten.* […] *Der Mensch hat den Schöpfungsbefehl, sich das Tierreich untertan zu machen, und ohne Leistungsverbesserungen in der gesamten Landwirtschaft, also auch in der tierischen Produktion, hätte sich die Menschheit schon längst selbst verzehrt.*[4]

Die Bauern selbst standen dem Ansinnen der Berater eher skeptisch gegenüber, nicht nur wegen der Spezialisierung auf Hühner statt auf das traditionelle Großvieh, sondern wegen der Spezialisierung überhaupt, denn bis dahin galt der ›ganze Landwirt‹, die Kombination von Ackerbau und Viehhaltung, als das betriebliche Ideal. Die Spezialisierung wie auch die Technisierung der Arbeitsprozesse wurden für sie vor allem deshalb unumgänglich, weil im Zuge des allgemeinen Wirtschaftsaufschwungs viele Arbeitskräfte aus der Landwirtschaft in besser bezahlte Berufe abgewandert waren und nun auf den Höfen fehlten.

Ablehnend reagierten Berater, Bauernverband und Politik dagegen auf die starke Monopolbildung, die man in den USA beobachtet hatte. Bezogen auf den Bereich der Hühnermast war es dort zu einer Übernahme durch kapitalstarke Futtermittelfabriken gekommen, die sämtliche Produktionsbereiche kontrollierten und mittels *food conversion contracts* aus selbstständigen Landwirten abhängige Zulieferer gemacht hatten. Diese sogenannte vertikale Integration war in der BRD ebenso wenig erwünscht wie die damit einhergehende Vergrößerung der Tierbestände, die als ›Agrarfabriken‹ kritisiert wurden. Die Spezialisierung in der Hühnerhaltung wurde hier als eine Chance für den kleinen und mittleren bäuerlichen Familienbetrieb gesehen, damit auch dieser durch ›innere Aufstockung‹ bei gleichem Arbeitseinsatz ein höheres Einkommen erwirtschaften und damit am Wirtschaftswunder teilhaben konnte. Gerade solche Betriebe, die über wenig Ackerland verfügten, sollten davon profitieren, denn für das auf den Nährstoffbedarf eines Hybridhuhns ausgerichtete Futter brauchte man vorgefertigte Mischungen, die man nicht aus eigener Ernte herstellen konnte. Dass kleinbäuerliche Betriebe durch die Hühnerhaltung überleben könnten, war aber wohl mehr Wunschdenken als ökonomische Logik. Graf Hardenberg formulierte bereits 1965 die drei Grundsätze der Hühnerwirtschaft in aller Deutlichkeit:

> *1. Kaum ein landwirtschaftliches Erzeugnis eignet sich so gut für die Anwendung industrieller Verfahren wie das Huhn.*
> *2. Kein tierisches Veredelungsprodukt erfordert zur Erreichung optimaler Größenordnungen so hohen Kapitaleinsatz.*
> *3. Kein anderes Fleischerzeugnis ist so starken Preisschwankungen unterworfen wie Geflügel.*[5]

Er sollte recht behalten: Mit hohem Kapitaleinsatz und großen Tierbeständen stiegen gewerbliche Unternehmer früh in den deutschen Hühnermarkt ein. Bernhard Grzimek nannte in seiner Sendung den Bertelsmann-Chef Mohn mit knapp einer und die Gebrüder Schockemöhle mit 2 Millionen Legehennen in Käfighaltung als kapitalkräftige Unternehmer, die die Hühnerhaltung in kleinem Maßstab unrentabel machten. Es entwickelte sich ein florierender Wirtschaftszweig mit Zuchtbetrieben und Produzenten von Futtermitteln, Ställen und Geräten, die von den immer neuen Investitionen der Geflügelbetriebe profitierten. Die Nachfrage stieg, das Angebot noch mehr, und der Preiskampf im Einzelhandel verstärkte den Druck. In der Folge gaben kleine und mittlere Betriebe auf. Dieser ›Strukturwandel‹ hält bis heute an und betrifft die gesamte Landwirtschaft. Ein paar Zahlen zur Orientierung: 1949 gab es auf dem Gebiet der damaligen BRD knapp zwei Millionen landwirtschaftliche Betriebe, heute sind es in Deutschland insgesamt 260 000, wobei sich ihre Zahl allein in den letzten 20 Jahren noch einmal halbiert hat. Das bedeutet jedoch nicht, dass insgesamt weniger Tiere gehalten werden. Während die Zahl der Hühnermastbe-

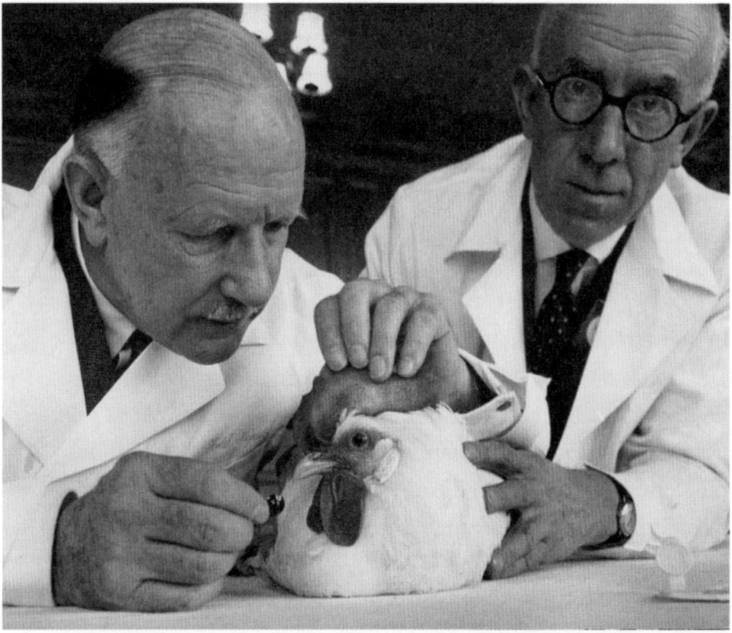

Henne Betty sieht rot. Gefärbte Kontaktlinsen sollten den Anblick von Blut verschleiern, um Federfressen und Kannibalismus in Intensivhaltungen einzudämmen, führten in der Praxis aber zu weiterem Tierleid.

triebe in den letzten 20 Jahren um etwa ein Drittel zurückgegangen ist, hat sich die Zahl der Tiere fast verdoppelt, fast alle Masthühner werden heute in Beständen von mehr als 50 000 Tieren gehalten. Im Jahr 2020 wurden 92 Millionen Hühner in 3 800 Betrieben gemästet, die Hälfte davon allein in Niedersachsen. Dies sind allein die Bestandszahlen für einen Stichtag. Die Mastdauer ist kurz, daher gibt es in den Betrieben sieben bis acht Durchgänge pro Jahr und damit eine deutlich höhere

Gesamtzahl der Schlachttiere von über 600 Millionen Hühnern in Deutschland.

In der Geflügelmast spielt wiederum die Familie Wesjohann eine große Rolle, diesmal in Gestalt von Paul-Heinz und Peter Wesjohann als Eigentümer der PHW-Gruppe, die etwa die Hälfte des deutschen Hähnchenmarktes kontrolliert. Die 270 Millionen Wiesenhof-Hähnchen, die der Konzern jährlich vermarktet, stammen aus eigenen Elterntierherden, werden in den eigenen Brütereien ausgebrütet und mit eigenem Impfstoff geimpft, dann von 1000 Vertragslandwirten 30 bis 42 Tage nach genauen Vorgaben zur Mast und Haltung mit Futter aus den eigenen Futtermittelwerken aufgezogen, bevor sie an die eigenen Schlacht- und Verarbeitungsbetriebe geliefert werden. Im Bereich der Legehennenhaltung ist eine ähnliche Konzentration zu beobachten, wenngleich Bestände mit mehr als 100 000 Legehennen durch das Käfighaltungsverbot in den letzten Jahren eher rückläufig waren. Die Strukturen sind hier schwer zu durchschauen, aber letztlich kann man die Unternehmen, die den deutschen Eiermarkt bestimmen, an einer Hand abzählen.

Spricht man mit dem Zentralverband der Deutschen Geflügelwirtschaft, lehnt dieser eine Differenzierung zwischen einem bäuerlichen Familienbetrieb und gewerblicher Tierhaltung durch große Unternehmen grundsätzlich ab. Und natürlich ist es richtig, dass die Gesundheit der Tiere nicht von den Eigentumsstrukturen abhängt, sondern von der Qualität der Betreuung. Eine Lohnarbeitskraft muss nicht besser oder schlechter arbeiten als eine Familienarbeitskraft. Dennoch stellt sich die Frage, ob das unausgesetzte Wachstum der Betriebe mit einer guten Tierbetreuung vereinbar ist. Die stark gestiegenen Bestandsgrößen und die deutlich erhöhte Produktivität in der Tierhaltung sind eine Herausforderung für die Betriebe, da bereits heute viele Familienarbeitskräfte an beziehungsweise oberhalb ihrer Kapazitätsgrenzen arbeiten und qualifizierte Arbeitskräfte auf dem Arbeitsmarkt nur bedingt zur Verfügung stehen, stellte die Borchert-Kommission fest, die 2015 im Auftrag des Bundesministeriums für Ernährung und Landwirtschaft *Wege zu einer gesellschaftlich akzeptierten Nutztierhaltung* aufgezeigt hat. Die Arbeitsgemeinschaft bäuerliche Landwirtschaft fordert daher Bestandsobergrenzen von 15 000 Hennen beziehungsweise 30 000 Masthühnern.

Aber auch jenseits der Betreuung ist Größe in der Tierhaltung relevant. Jede Verdichtung des Tierbestandes bedeutet eine Verdichtung von Krankheiten und Schadstoffen für Tier und Mensch, Luft und Boden. Über die erhöhte Nitratbelastung des Grundwassers in Regionen mit intensiver Tierhaltung, vor allem im Nordwesten Deutschlands, ist viel berichtet worden. Deutlich weniger erfährt man darüber, dass Jahr für Jahr große Tierbestände getötet werden, weil in der unmittelbaren Umgebung der Erreger der Vogelgrippe bei verendeten Wildtieren nachgewiesen wurde. Die Geflügelindustrie wird von vielen als Brutstätte der hoch pathogenen Variante des Erregers verdächtigt, da sie 1996 zuerst auf einem Geflügelbetrieb in China nachgewiesen werden konnte und von dort aus weitere Betriebe und dann auch Wildvogelbestände infizierte, über die sich das Virus weltweit verbreitet hat.

Vor 50 Jahren wurde die Sendung von Bernhard Grzimek ausgestrahlt. Mit ihr rückten der Schutz und das Wohl der Nutztiere ins Bewusstsein der Bevölkerung, und ohne diese öf-

Lebendige nature morte. Melchior d'Hondecoeter malt Vogel und Holztafel im Trompe-l'Œil (holländisch: betriegertje) Der tote Hahn *von 1670 täuschend echt.*

fentliche Wahrnehmung wären einige Missstände in der deutschen Geflügelhaltung wie Batteriekäfige, das Töten männlicher Eintagsküken oder das Schnabelkürzen noch immer nicht abgeschafft. Gleichzeitig bestehen viele Probleme fort oder haben sich sogar verschärft. Ein Grund dafür ist nicht zuletzt die Diskrepanz zwischen unserem Verhalten als Bürger und als Verbraucher – als Bürger sind wir zwar für mehr Tierwohl, als Verbraucher wollen wir dafür aber nicht bezahlen oder auf Fleisch und Eier verzichten.

Wie es ist, ein Huhn zu sein

Die Tatsache, dass wir nicht erwarten können, in unserer Sprache jemals eine detaillierte Beschreibung der Phänomenologie von Marsmenschen oder Fledermäusen zustande zu bringen, sollte uns nicht dazu verleiten, die Behauptung, dass Fledermäuse und Marsmenschen Erlebnisse haben, die an Reichtum an Details unseren eigenen voll vergleichbar sind, als sinnlos zu verwerfen.

THOMAS NAGEL

Drei Wochen dauert es, bis das Küken aus dem Ei schlüpft. In dieser Zeit steht es bereits im Austausch mit seiner Umwelt und entwickelt alle Fähigkeiten, um außerhalb des Eis zu überleben. Nach einer Woche nimmt der Embryo Vibrationen wahr, nach zwei Wochen Geräusche und ab dem letzten Tag Gerüche, da die Schale mehrere Tausend Poren besitzt, die für die notwendige Sauerstoffzufuhr sorgen. Ab dem 17. Tag im Ei prägt sich das Küken die Laute der Glucke ein und ab dem 18. Tag beginnt es zu piepsen, um mit ihr und mit den Küken in den benachbarten Eiern zu kommunizieren. Durch das Klicken mit dem Eizahn, einer verhornten Erhebung an der Schnabelspitze, gegen die Schalenwand wird der Zeitpunkt des Schlüpfens synchronisiert. In den letzten Tagen hört die Glucke auf, die Eier regelmäßig im Nest zu wenden, und es beginnt der schwerste Teil für das Küken: Zwischen dem 19. und dem 21. Tag presst es seinen Kopf zuerst durch eine innere Membran, wodurch es die Luftkammer im Ei erreicht und zu atmen beginnt, und drückt dann mit seinem Eizahn ein Loch in die Schale. Durch Drehung um die eigene Achse durchbohrt es schließlich die gesamte Schale, bis der Deckel des Eis abfällt und es sich herausschieben kann. Nach einem Tag ist der weiche Flaum des Kükens unter der Glucke getrocknet und auch der Eizahn fällt bald ab. Mit seinem Schnabel beginnt es, seine Umwelt zu erkunden, pickt besonders gern auf etwas Glänzendes, manchmal ist das auch das Auge der Mutter, die sich davon nicht aus der Ruhe bringen lässt. Gerade die sehr empfindsame Schnabelspitze ermöglicht es ihm, ähnlich wie uns unsere Finger, Gegenstände dreidimensional zu ertasten. In den ersten anderthalb Tagen nach dem Schlüpfen wird das Küken auf seine Mutter geprägt. Es erlernt ihren Geruch, ihr Aussehen und ihre typischen *Gluck-gluck*-Laute und folgt ihr überallhin. Auch die Glucke lernt ihre Küken kennen, anfangs kann sie sie noch nicht unterscheiden, aber nach wenigen Tagen würde sie jedes fremde Küken weghacken. Sie führt ihre Küken, lockt sie, wenn sie Futter gefunden hat, zeigt ihnen, was essbar ist und was nicht. Zum Aufwärmen nimmt die Glucke alle regelmäßig wieder unter ihre Fittiche – das nennt man ›hudern‹ –, was die Küken mit einem wohligen Trillern quittieren. In den ersten Tagen bleiben sie immer in der Nähe der Mutter und reagieren auf ihre Lock- und Warnrufe. Haben sie den Kontakt verloren, piepsen sie durchdringend, sodass die Glucke herbeieilt. Diese reagiert sehr schnell gestresst, wenn sie ihre Küken in Gefahr sieht, und hält sich eher abseits der Herde, um Konflikte zu vermeiden. Der Hahn beteiligt sich nicht an der Aufzucht, bewacht aber die gesamte Gruppe und warnt vor möglichen Angreifern.

Melchior d'Hondecoeter war berühmt für seine Geflügelsujets, die auf genauen Studien von Haltung und Bewegung basierten, wie bei diesen sieben Küken im ersten Federkleid.

Die Küken entwickeln sich rasch, und schon nach einer Woche werden die Ausflüge der kleinen Gruppe größer. Jetzt ist auch gut zu beobachten, wie ums Futter gekämpft wird. Entdeckt ein Küken etwas besonders Leckeres, nimmt es den Fund in den Schnabel und läuft davon. Die anderen beobachten das und rennen hinterher, manchmal schnappt ihm ein anderes Küken den Brocken weg und läuft nun seinerseits davon. So geht es weiter, bis die Beute verschlungen ist. In der siebten Woche sind die Küken so weit befiedert, dass die Glucke sie nicht mehr wärmen muss und mit ihnen vom Nest auf die Sitzstange wechseln kann. Die Küken verbringen nun immer mehr Zeit ohne die Glucke und gehen oft als eigene Gruppe ihrer Wege, bis sie sich in die soziale Hierarchie der Herde einfügen.

Hühner verleben ihre Tage in einem relativ festen Rhythmus. Sie sind standorttreu, das heißt, sie laufen nicht weg, sondern kennen ihr Zuhause und machen sich morgens von dort aus gemeinsam auf die Suche nach Futter in der Umgebung. Sie scharren und picken nach Insekten und Würmern, fressen Gras und Samen. Auch die Eiablage findet überwiegend am Vormittag statt, dazu trennt sich die Henne von der Herde, sucht das gewohnte Nest auf und bleibt nach dem Legen meist noch eine Weile auf den Eiern sitzen. Dann macht sie durch lautes Gegacker auf sich aufmerksam, was den Hahn veranlasst, sie schnell zu holen und zur Gruppe zurückzubringen. Mittags gibt es eine gemeinsame Ruhepause im Gebüsch oder mit einem Sonnenbad, bei dem sich die Hühner auf die Seite legen und genüsslich den Flügel abspreizen. Sowieso wird ausgiebig gebadet, nicht im Wasser, sondern am liebsten im trockenen Sand. Dazu wird mit dem Schnabel eine Mulde gegraben, in die sich die Hühner mit gespreiztem Gefieder legen und mit den Füßen eine große Portion Staub auf den Körper scharren. Danach wird der ganze Staub samt Hautschuppen und Parasiten ausgeschüttelt, die Federn werden gerichtet und mit dem Schnabel wird Öl aus der Bürzeldrüse über das Gefieder verteilt, damit es wieder glänzend und intakt ist. Erneuert wird es mit der jährlichen Mauser im Herbst.

Gegen Abend ist die aktivste Paarungszeit. Bei der Paarung hält sich der Hahn mit seinem Schnabel im Nacken der Henne fest, die sich hinhockt und ihre Flügel spreizt, damit er auf ihren Rücken steigen kann. Beide pressen Kloake an Kloake und der Hahn gibt sein Sperma ab. Kloake ist die wenig schöne Bezeichnung für den gemeinsamen Ausgang des Verdauungs-, Harn- und Geschlechtsapparates vom lateinischen *cloaca*, ›Abzugskanal‹. Auch wenn der englische Begriff *cock* umgangssprachlich sowohl den Hahn als auch das männliche Glied bezeichnet – der Hahn hat keinen Penis, nur einen rudimentären Höcker für den schnellen ›Kloakenkuss‹. Seine Paarungsbereitschaft ist mit 40 bis 50 sogenannten Tretakten täglich sehr hoch. Dabei bevorzugt er Hennen mit kräftig gefärbten Kämmen als Zeichen hoher Fruchtbarkeit. Kräftige Kämme wirken auch auf die Hennen anziehend, wobei auch die soziale Stellung eine Rolle spielt. Tritt ein rangniedriger Hahn die Henne gegen ihren Willen, kann sie den unerwünschten Samen einfach wieder ausstoßen. In der Dämmerung sucht die Herde dann die Schlafstangen im Stall auf, auch hier wählen die ranghöheren Tiere die besten Plätze. Dass sie beim Schlafen nicht herunterfallen, liegt an einer Sehne hinten am Bein, die die Zehen zusammenzieht, wenn die Ferse angewinkelt wird.

Von den typischen Verhaltensweisen der Hühner waren in den Anfängen der Verhaltensforschung besonders diejenigen von Interesse, die das Leben in der Gruppe regeln und als Instinktverhalten interpretiert wurden, insbesondere Prägung, Hackordnung und Kommunikation. Neuere Forschungen richten ihr Augenmerk verstärkt auf die individuellen Fähigkeiten des

Huhns, seine Wahrnehmung, Intelligenz und Emotionen, um so Aussagen über das Tierwohl in Intensivtierhaltungen treffen zu können.

Der Begriff der ›Prägung‹ geht in der Naturforschung auf den Berliner Zoodirektor und Begründer der Ethologie Oskar Heinroth zurück und ist vor allem seit Konrad Lorenz und seine ihm überallhin folgenden jungen Graugänse bekannt. Tatsächlich kann ein Küken während der Prägungsphase in den ersten Stunden nach dem Schlüpfen auf jedes sich bewegende Objekt geprägt werden, ob belebt oder unbelebt. Hat eine Glucke sie ausgebrütet, folgen die Küken ihr, Küken aus der Kunstbrut werden meist untereinander geprägt oder folgen eben auch einem Menschen. Dabei ist der visuelle Reiz entscheidend, nicht der akustische. Die Küken bevorzugen natürliche Objekte mit Kopf und Augen. Versuche mit Lichtpunktanimationen haben gezeigt, dass Küken auf eine animierte Sequenz einer laufenden Henne reagieren, aber nicht, wenn die Punkte Muster ohne erkennbares biologisches Bewegungsmuster bilden.

Die Prägung läuft nicht immer so starr und zeitlich begrenzt ab, wie es oft dargestellt wird. Als ich einmal ein krankes Küken in die Pflege nahm, akzeptierte es mich als neue Glucke, nach der Heilung eine Woche später erkannten sich Küken und Glucke sofort wieder und blieben zusammen. Bei Küken, die von Hand aufgezogen werden, kann es allerdings später vorkommen, dass die Hähne aggressiv auf den vertrauten Menschen reagieren, der sich ihren Hennen nähert, möglicherweise sehen sie in ihm immer noch ihresgleichen, der nun zum Konkurrenten geworden ist.

Hühner unterscheiden zwischen bekannten und unbekannten Artgenossen. Ein Huhn kann sich bis zu 100 andere merken und erkennt sie auch nach Monaten der Trennung wieder. Die Hühner, die zu einer Herde gehören, etablieren untereinander eine sehr charakteristische soziale Hierarchie, die sogenannte Hackordnung, die längst Eingang in den allgemeinen Sprachgebrauch gefunden hat. Fremde Tiere, die neu in eine Gruppe kommen, haben es schwer, sich in diese Ordnung einzufügen, werden meist von allen anderen abgewehrt und können sich nur nach und nach integrieren. Betrachtet man eine typische Hühnerhofgruppe mit einem Hahn und mehreren Hennen, so sind die Rollen klar verteilt. Die dominante Stellung des Hahns wird in der Regel von den Hennen respektiert, Kämpfe zwischen Hahn und Henne kommen daher nur vor, wenn sich ein junger Hahn in einer Gruppe älterer Hennen durchsetzen muss. Das Alter spielt eine große Rolle in der Rangordnung. Ältere Tiere, die ihren Platz gefunden haben, behaupten ihn in der Regel auch, daher stehen die älteren Hennen meist über den jüngeren. Auch das Aussehen ist wichtig, ein großer, gut durchbluteter Kamm verschafft Vorteile. Um aber die genaue Rangordnung von Tier zu Tier auszuhandeln, sind viele Versuche nötig, bis klar ist, wer dominiert und wer zurückweicht und sich unterordnet. Bereits die Küken und jungen Hühner messen ihre Kräfte. Entscheidend ist nicht die Körperkraft der einzelnen Henne, sondern ihr Auftreten.

Hennen und Hähne unterscheiden sich in ihrem Droh- und Kampfverhalten. Das Gegenüberstehen von zwei Hähnen, die sich Schnabel an Schnabel mit gesenktem Kopf und aufgestelltem Halsgefieder taxieren und sich bewegen, als wäre der eine

Der Hahnenkampf *(1615) von Frans Snyders gleicht einem leidenschaftlichen Tanz der beiden prachtvollen Hähne unter bewegtem Himmel, die Hennen wirken unbeteiligt.*

das Spiegelbild des anderen, ist äußerst faszinierend und auf vielen Darstellungen zu sehen. Es ist die klassische Aufstellung für den Hahnenkampf. Weicht keiner der Kontrahenten aus, springen sich die Hähne mit heftigem Flügelschlagen frontal an und versuchen, sich mit Sporenhieben zu treffen. Hennen haben keine so ausgefeilte Choreografie, sondern packen ihre Gegnerin am Kamm oder hacken ihr auf den Kopf. In beiden Fällen wird niemand getötet und es fließt nur selten Blut, der Kampf ist entschieden, sobald das unterlegene Tier flieht. Später genügen Andeutungen, um die Rangordnung zu wahren.

Ist die Hierarchie einmal ausgehandelt, bleibt sie für lange Zeit bestehen. Die oberste Henne hackt alle anderen, die unterste niemanden. Die Hackordnung ist nicht immer linear, sondern kann auch als Dreieck funktionieren: Es kommt vor, dass Henne A Henne B hackt, die Henne C hackt, die Henne A hackt. Wenn diese drei am Futternapf stehen, kann keine in Ruhe fressen: Erst hackt Henne A Henne B weg, dann wird sie von Henne C verscheucht, woraufhin Henne B ihre Chance sieht und Henne C weghackt und immer so weiter.

Der Erste, der den Begriff Hackordnung verwendete, ist der norwegische Zoologe Thorleif Schjelderup-Ebbe in seiner Dissertation *Gallus gallus domesticus in seinem täglichen Leben* von 1921, die auf Beobachtungen im Hühnerhof seiner Kindheit basierte. Auch hier war es Konrad Lorenz, der ihn populär machte, denn sowohl die Hackordnung als auch die Prägung kam seinem Forschungsansatz der angeborenen Instinkte, die durch Außenreize ausgelöst werden, aber artspezifisch festgelegt sind, sehr entgegen. Biologen kritisieren heute, dass Schjelderup-Ebbe ausschließlich über Haushühner gearbeitet hat, ohne zwischen domestizierten und nicht domestizierten Tieren zu differenzieren. In der Folge habe sein Modell zu Verallgemeinerungen auch in Hinblick auf Dominanzbeziehungen bei Wildtieren, wenn nicht sogar beim Menschen geführt. Dabei könne man selbst bei den Bankivahühnern, den wilden Vorfahren des Haushuhns, keine so ausgeprägte Hackordnung beobachten, da sie vor allem aus der räumlichen Enge resultiere, schreibt etwa Cord Riechelmann in *Von Hackordnung und Hahnenkampf*:

> *Die so genannte Hackordnung der Hühner, als Metapher wahrscheinlich eines der erfolgreichsten biologischen Modelle der neueren Zeit, resultiert also weitgehend aus den von Menschen gemachten Haltungsbedingungen. Und die kann man ändern, zum Besseren hin.*[1]

Es ist richtig, dass der soziale Stress zunimmt, wenn viele Tiere auf engem Raum gehalten werden. Doch anders, als man vermuten könnte, spielt die Hackordnung gerade in Haltungen mit sehr großen Tierzahlen keine Rolle. In Mastställen sind die Tiere zu jung, da sie im Kükenalter geschlachtet werden. Aus der Intensivhaltung von Legehennen wird aber berichtet, dass die Tiere eher Abstand zueinander halten und Blickkontakt vermeiden, ähnlich wie wir uns in der vollen U-Bahn verhalten. Die Hackordnung ist weder Folge von Platz- oder Futtermangel noch eine Verhaltensstörung wie Federpicken oder Kannibalismus, die vor allem in Käfig- oder Massenhaltung auftreten. Sie gehört zum arttypischen Verhalten und ist ein Merkmal der sozialen Interaktion zwischen Tieren, die sich kennen. Auch wenn Hühner mit einem sehr großen Auslauf mehr Zeit damit verbringen, gemeinsam das Gelände zu durchstreifen, als Hierarchien durchzusetzen, habe ich in meinem großen Garten so manche dominante Henne dabei beobachtet, wie sie völlig gesättigt noch mal zum Futterplatz zurückgelaufen ist, um dort ein rangniedrigeres Huhn zu vertreiben. Auch Hühner, das kann man mit Sicherheit sagen, beharren auf ihrem Status.

Das Auffälligste an Hühnern ist ihre Sprache. Sie verständigen sich über eine ganze Reihe von Lauten, die sehr gut unterschieden und interpretiert werden können. Derjenige, der sie am genauesten beschrieben hat, ist neben Schjelderup-Ebbe ein Landarzt aus dem Siegerland, Erich Baeumer. Auch er hatte sich schon als Kind intensiv mit Hühnern beschäftigt und kannte die verschiedenen Laute und ihre Bedeutung genau. Bei einem Besuch bei Konrad Lorenz lernte er in den 1950er-Jahren den Verhaltensbiologen Erich von Holst vom Max-Planck-Institut für Verhaltensphysiologie kennen, der ihn bat, bei seinen Versuchen zur Reizung des Stammhirns von Hühnern bei der Deutung von Verhalten und Lauten mitzuwirken.[2] Baeumer begann, Lautäußerungen von Hühnern auf Tonband aufzunehmen, zu vergleichen und zu beschreiben. Er entwickelte eine Tabelle mit 30 Lauten und ihrer Bedeutung, unterschieden nach Henne und Hahn, brütender Henne und Glucke sowie jungen und älteren Küken. Sie zischen und kollern, gakeln und krähen, girren und rähen, glucken und gurren je nach Anlass:

> *Man kann Laute und Lautgruppen mit einander ähnlicher Funktion zusammenfassen: es gibt solche zur Stimmfühlung im Verband und zum Wiederfinden der Artgenossen, zum Locken bei gefundenem Futter, zum Aufmerksammachen auf mögliche Gefahr am Boden und in der Luft sowie zum Warnen vor dieser in verschiedener Abstufung. Bestimmte Lautformen zeigen Aufregung von allgemeiner Art, andere Abwehr gegen Zudringlichkeit an. Mehrere dienen dem Lautverkehr innerhalb der Rangordnung. Hervorzuheben ist noch das lautliche Wechselspiel zwischen Hahn und Henne bei der Nestgründung. Das Krähen des Hahnes ist ein allgemeiner Ausdruck männlichen Selbstgefühls.*[3]

Das Imponiergehabe des Hahns, mit dem er sein Revier markiert, als allgemein männlichen Ausdruck zu deuten, ist eine wunderbare Beschreibung für so manchen Gockel: Ein kräftiges Flügelschlagen leitet meist das Krähen ein, dann wirft er den Kopf in den Nacken und schmettert los, je höher der Rang, desto öfter und lauter. Junge Hähne müssen oft noch etwas üben, aber das Krähen ist ihnen angeboren, wie alle anderen

»Das Krähen des Hahns ist ein allgemeiner Ausdruck des männlichen Selbstgefühls«, behauptete der Hühnerkenner Erich Baeumer.

Laute auch. Gesteuert wird das Krähen vom Testosteronspiegel, dabei kommt es gar nicht so selten vor, dass auch Hennen krähen, besonders in der Legepause, wenn ihr Östrogenspiegel eher niedrig ist.

Der Hahn kräht meist in der Morgendämmerung und das umso mehr, wenn andere Hähne in der Nähe antworten. Im Laufe des Tages ist er immer wieder zu hören, oft wenn er auf Störungen reagiert, wie eine gackernde Henne, die ihr gelegtes Ei vermeldet und wieder Anschluss sucht. Hat er sie entdeckt, umkreist er sie mit einem Kratzfuß, indem er eine Flügelspitze tänzelnd am Boden schleifen lässt, und drängt sie in Richtung Herde. So wird jeder Laut meist von einer typischen Geste begleitet. Hinter der Botschaft kann sich aber auch eine andere Absicht verbergen. Manchmal nutzt der Hahn den Futterruf, ein schnelles, scharfes *tuck tuck*, um eine Henne anzulocken. Dabei hebt er gerne mit dem Schnabel ein Steinchen auf und lässt es wieder fallen, um noch überzeugender zu wirken. Kommt das Huhn gelaufen, packt er es im Nacken und versucht es zu treten. Auch Hühner spielen Theater.

Bei der Warnung vor Räubern werden mehrere Laute verwendet, um Richtung und Dringlichkeit zu signalisieren. Auch die verstehen alle Hühner sofort, selbst das Küken im Ei ist still, wenn es diese Warnlaute hört. Sehen Hühner die Silhouette eines Greifvogels in der Luft, geben sie einen langgezogenen Ton von sich, der nichts mit dem lauten, aufgeregten Gackern zu tun hat, das einen Fuchs oder einen anderen Feind ankündigt, der sich am Boden nähert. Meistens übernimmt der Hahn die Rolle des Rufers, allerdings nur, wenn er seine vertraute Herde in der Nähe hat, unter fremden Hühnern meldet er nichts.

Wenn er Alarm schlägt, steht die gesamte Gruppe sofort still und schaut nach oben. Offenbar wollen die Hühner keine Aufmerksamkeit auf sich ziehen und die Situation beobachten, bis sie entweder ihre unterbrochene Tätigkeit wieder aufnehmen oder weglaufen und sich verstecken. Kampfbereitschaft gegen Angreifer zeigen vor allem Glucken, die ihre Küken selbst dann zu verteidigen versuchen, wenn sie keine Chance haben.

Die Wahrnehmung des Huhns gehört eher zu den neueren Forschungsgebieten. Am besten erforscht ist das hervorragende Sehvermögen der Hühner. Sie haben nicht nur drei Rezeptoren für die Wahrnehmung von Rot, Grün und Blau wie wir, sondern fünf – einen Rezeptor für Violett, dessen Empfindlichkeit bis in den ultravioletten Bereich reicht, und einen Doppelrezeptor, der bei der Wahrnehmung von Bewegung hilft. Hühner sehen also schneller, bewegungssensibler und farbiger. Das alles dank der seitlich angeordneten Augen und der größeren Beweglichkeit des Kopfes mit einem fast vollständigen Rundumblick. Allerdings ist dadurch das Sichtfeld, das sie mit beiden Augen wahrnehmen können, sehr viel kleiner als beim Menschen und das räumliche Sehen weniger ausgeprägt.

Das Vogelauge ist besonders gut an die Bewegung von Objekten angepasst. Die zeitliche Auflösung ist mit 150 bis 200 Bildern pro Sekunde deutlich höher als beim Menschen mit 16 bis 23 Bildern pro Sekunde. Die 24 Bilder pro Sekunde eines Kinofilms wären für Vögel also eine müde Aneinanderreihung einzelner Bilder. In der Stallhaltung kann das zu Stress führen, da Hühner einige künstliche Lichtquellen als ein ständiges Flackern wahrnehmen.

Während unsere Sehachsen meist auf einen Punkt fixiert sind, wechseln Hühner zwischen den Augen hin und her. So können sie abwechselnd den Himmel im Blick behalten und ein Korn auf dem Boden erspähen. Und damit das Bild auch in der Bewegung des Körpers deutlich bleibt, bewegen Hühner beim Laufen auf ihre typische Weise den Kopf vor und zurück, damit der Kopf in der Rückwärtsbewegung für einen Moment relativ zur Umgebung ruht. Dadurch bewegt sich das Bild auf der Netzhaut nicht und sie können sich bewegende Objekte besser erkennen.

Die Wahrnehmung von Licht spielt bei Vögeln eine entscheidende Rolle für Wachstum und Fortpflanzung. Dieser Rhythmus wird durch die Lichtempfindlichkeit der Zirbeldrüse gesteuert. Mit zunehmendem Licht im Frühjahr beginnt das Huhn zu legen, während es im Herbst und Winter die Eierproduktion ohne Kunstlicht weitestgehend einstellt. Wahrscheinlich gibt es auch einen Sensor im Auge des Huhns, mit dem es sich wie andere oder vielleicht sogar alle Vögel am Magnetfeld der Erde orientieren kann, um zwischen polwärts und äquatorwärts zu unterscheiden.

Der Hörbereich des Huhnes liegt zwischen 15 und 8000 Hertz, im Vergleich zum Menschen kann es hohe Töne nicht wahrnehmen, ist aber sensibler im für uns nicht hörbaren Infraschallbereich, den es offenbar als tiefe Vibration erfährt. Es hört auch sehr leise Töne, Hähne können sich über eine Entfernung von etwa zwei Kilometern verständigen. Versuche mit Masthybriden haben gezeigt, dass die Lärmbelastung durch die große Zahl der Tiere in den Ställen zu Gehörschäden führt und sie mit zunehmendem Lärm selbst lauter werden, um akustisch noch wahrgenommen zu werden.

Juliette Bonheur hat ein feines Gespür für den Ausdruck von Tieren. So zeigt ihre Studie von Hühnerköpfen, lithografiert von Jules Laurens, weit mehr als nur verschiedene Kammformen.

Riechen können Hühner ebenfalls gut, obwohl oft das Gegenteil behauptet wurde. Doch seit das Hühnergenom 2004 vollständig entschlüsselt wurde, gibt es immer neue Erkenntnisse über die Funktion der rund 23 000 Gene. 570 davon sind Geruchsrezeptorgene, von denen 80 Prozent aktiv sind, ein klarer Hinweis auf ihre Bedeutung. Zum Vergleich: Der Mensch besitzt etwa 1000, von denen aber nur 40 Prozent aktiv sind. Und es konnte eine neue Klasse von Geruchsrezeptorgenen identifiziert werden, die bei Säugetieren, Fischen und Reptilien nicht vorkommen und deren Funktion noch völlig unbekannt ist. Der Geruchssinn scheint daher eine große Rolle bei der Auswahl des Futters und dem Erkennen von Freund und Feind zu spielen.

Lange Zeit glaubte man, Hühner hätten praktisch keinen Geschmackssinn und würden ihr Futter nach Geruch und Form auswählen. Im Vergleich zu den 10 000 Geschmacksknospen des Menschen hat das Huhn zwar deutlich weniger, aber es sind immerhin noch etwa 600, die über Gaumen, Mundhöhle und Zunge verteilt sind und mit denen es bitter, sauer, salzig, süß, umami und fettig unterscheiden kann. Hühner sind sehr gut darin, sich am Geschmack zu orientieren, um die notwendigen Nährstoffe auszuwählen und Giftiges und Verdorbenes zu meiden.

Und natürlich können Hühner auch fühlen, besonders gut an der Schnabelspitze und an den Zehen, wo sich die meisten Rezeptoren befinden, die empfindlich auf Druck reagieren.

Vögel besitzen keine klar abgegrenzte Großhirnrinde wie die Säugetiere, weshalb ihnen bestimmte kognitive Fähigkeiten, die dem abstrakten Denken zugeordnet sind, abgesprochen

Bestnote in Physik. Angesichts einer möglichen und einer unmöglichen Darstellung eines Würfels bevorzugen Küken die perspektivisch mögliche.

wurden. Dies hat sich als falsch erwiesen, denn auch das Großhirn des Vogels ist dazu in der Lage. Inzwischen gibt es eine ganze Reihe von Studien, die sich mit der Intelligenz, der Kognition und dem Lernen von Hühnern beschäftigen.[4]

Hühnerküken haben bereits nach drei Tagen eine mentale Vorstellung von Objekten und können sie erkennen, auch wenn ein Teil davon verdeckt ist. Und sie wissen auch, dass ein Objekt nicht verschwunden ist, wenn es nicht mehr im Blickfeld ist. Diese sogenannte Objektpermanenz erlernen Babys erst im Alter von 8 Monaten.

Besonders beeindruckend ist, dass bereits Küken ein mathematisches Verständnis haben. In einem Experiment wurden frisch geschlüpfte Küken – offenbar war hier ein Spaßvogel am Werk – auf fünf gelbe Kapseln aus Kinderüberraschungseiern geprägt. Die Menge wurde dann geteilt, zwei Kapseln wurden in die eine Richtung bewegt, drei in die andere. Die Küken folgten immer dem Anreiz der größeren Menge. Sie konnten aber nicht nur größere und kleinere Mengen unterscheiden, sondern auch berechnen. Dazu brachte man vor ihren Augen vier Kapseln hinter einen linken und eine hinter einen rechten Sichtschirm. Dann ließ man die Küken beobachten, wie von den vier Kapseln zwei die Seite wechselten und hinter den rechten Schirm wanderten, wo sich nun also drei Kapseln befanden. Offensichtlich hatten die Küken die Summen addiert und subtrahiert, denn als sie nun die Wahl hatten, wohin sie laufen, entschieden sie sich für den rechten Schirm.

Auch in Physik schneiden Küken nicht schlecht ab. Zeigt man ihnen ein zweidimensionales Bild mit den Umrissen eines dreidimensionalen Würfels, so ziehen sie die mögliche Darstellung der perspektivisch unmöglichen im Stile M. C. Eschers vor.

Hühner sind auch in der Lage, zukünftige Ereignisse zu antizipieren. In einem Experiment hatten sie die Wahl, entweder sofort auf einen Knopf zu picken, um dann drei Sekunden lang Zugang zu Futter zu bekommen, oder sechs Sekunden zu warten, bevor sie das Signal auslösen, um dann 22 Sekunden lang fressen zu dürfen. In mehr als 90 Prozent der Fälle bewiesen die Hühner Selbstbeherrschung und entschieden sich für das Warten. Und wenn Küken sehen, wie ein anderes angewidert reagiert, wenn es etwas Bitteres aufgepickt hat, vermeiden sie es, selbst daran zu picken. In einer Versuchsanordnung lässt sich diese Art des sozialen Lernens überprüfen. Beobachtet eine Henne, wie eine trainierte Henne einen bestimmten farbigen Knopf drückt, um damit eine Futterration zu erhalten, ist sie viel schneller in der Lage, diesen Vorgang selbst auszuführen, als wenn sie eine untrainierte Henne beobachtet hat oder ihr nichts gezeigt wurde. Dabei spielt die Beziehung zur trainierten Henne eine Rolle, denn das beste Lernergebnis zeigt sie bei einem dominanten Tier, weniger erfolgreich ist sie bei einem untergeordneten oder ihr unbekannten Demonstrator.

Hühner haben keine Mimik, an der man Emotionen ablesen könnte, aber dass Hühner individuell und emotional auf ihre Umwelt reagieren, wird wohl jeder Beobachter bestätigen. Sie reagieren frustriert, wenn ihnen die Möglichkeit genommen wird, wesentliche Verhaltensweisen auszuleben, und mit Freude, wenn sie ihnen gegeben ist. Aber was sagt die Forschung dazu? Oder anders gefragt: Warum sagt die Forschung so wenig dazu? Viel zu lange, könnte man mit dem eingangs zitierten Thomas Nagel sagen, wurde die Frage als sinnlos verworfen, weil man vermeiden wollte, Tiere zu anthropomorphisieren, ihnen menschliche Emotionen zuzuschreiben. Daher stecke der Versuch, wissenschaftlich valide Erkenntnisse über den emotionalen Zustand von Hühnern zu gewinnen, noch in den Kinderschuhen, sagt etwa die Verhaltensforscherin Christine Nicol, denn »wir können uns nicht auf unsere eigenen Gefühle und Intuitionen verlassen, um zu entscheiden, wie Hühner ihren Alltag erleben oder wie sich diese täglichen Erfahrungen ansammeln und ihre allgemeine Lebensqualität beeinflussen«.

Doch auch in der Forschung gibt es einen Paradigmenwechsel. Statt weiter an der simplen Gleichung festzuhalten, dass ein gesundes Tier, das Leistung erbringt, sich angeblich wohlfühlt, schaut man heute etwas genauer auf die Bedürfnisse der Tiere. Die Nutztierethologie, also die Verhaltensforschung zu Tieren, die wir für unsere Zwecke halten, hat daher an Bedeutung gewonnen. Mit ihr kommt ein intelligentes Lebewesen in den Blick, das nach seinen Bedürfnissen in der Welt agieren will und ein emotionales Erleben hat, das es mit anderen teilen kann. Das Huhn kann seine Emotionen zum Ausdruck bringen, und wir Menschen können lernen zu hören, was es uns zu sagen hat.

Ein Mädchen und seine Hühner. Jacob Maris: Hühner füttern, *1866.*

Portraits

Hühner haben mich fast mein ganzes Leben lang begleitet. Mein erster Italienerhahn endete allerdings bereits nach wenigen Jahren unter dem Beil des Vaters. Dass es nicht richtig sein könnte, den Gefährten der Tochter zu schlachten, kam meinen Eltern nicht in den Sinn. Für sie wäre es eine sinnlose Verschwendung gewesen, ›Höhner‹, wie sie bei uns auf Plattdeutsch hießen, zu zäh für den Kochtopf werden zu lassen. Denn auch das gehört zum Leben auf dem Bauernhof: Man sorgt für die Tiere, um sie zu essen. Gegessen habe ich ihn nicht.

Im letzten Jahr meines Studiums in Lüneburg zog ich vor die Tore der Stadt in ein kleines Häuschen mit Garten. Im nahe gelegenen Tierpark wurden Hühnereier ausgebrütet, zur Anschauung für die Besucher und als Futter für die Greifvögel. Ich nahm zwei Zwerghuhnküken mit, und sie wuchsen heran zu einem feuerroten Hahn namens Rodriguez und seiner weißen federfüßigen Henne Lotte, die ausgesprochen schlau war. Rodriguez dagegen bestach mehr durch sein hitziges Temperament als durch seine Intelligenz, und für Lotte legte er sich besonders ins Zeug. Sie wurde Stammmutter einer bunten Schar von Zwerghühnern, später die Amme von großen Bressehühnern und starb im biblischen Alter von zwölf Jahren durch einen hinterhältigen Habichtangriff. Bei ihrer ersten Brut vertrat sie sich gerade die Beine, als ein Küken aus dem Ei schlüpfte und feucht im kalten Nest lag. Ich wurde nervös, weil Lotte sich sehr viel Zeit ließ, und führte sie schließlich zum Nest zurück. Ich werde nie ihren Anblick vergessen, als sie ihr allererstes Küken dort liegen sah. Sie war völlig verblüfft und stieg nach der ersten Schrecksekunde sofort in ihr Nest zurück. Sie drückte sich so fest auf das Küken, dass man nicht wusste, ob sie es wärmen oder ungeschehen machen wollte, was in ihrer Abwesenheit passiert war.

Lotte war eine sehr fürsorgliche Glucke, die ihre Küken gut versorgte, solange es nötig war, und sie mit Nachdruck in die Selbstständigkeit entließ, wenn es an der Zeit war. Viele Sommer verbrachte sie mit der Aufzucht, und da sie nicht immer nur ihre eigenen Eier ausbrütete, war das Ergebnis jedes Mal überraschend. Es gab Küken in allen Farben, klassische gelbflaumige Küken, rote, braune, gescheckte und einmal auch zwei schwarze Küken. Die schwarzen Küken waren anfangs sehr lebhaft, kümmerten aber bald und hielten nicht mehr Schritt mit den anderen. Bevor ich herausfinden konnte, was los war, war das erste schon tot. Erst beim zweiten merkte ich, dass Lotte nach ihm hackte und offenbar das andere getötet hatte. Warum sie die schwarzen nicht annehmen wollte, war mir ein Rätsel, aber ich musste eingreifen. Ich nahm ihr das Küken weg, das nicht auf die Idee kam, nach seiner verlorenen Mutter zu rufen. Von nun an folgte es mir auf Schritt und Tritt. Ging ich durchs Zimmer, trippelte es hinter mir her. Legte ich Gemüsebeete an, stand es an der Seite und piepte kläglich, bis ich endlich begriff, dass die Sonne den Boden so aufgeheizt hatte, dass ihm die Fußsohlen brannten. Aber wohin sollte es gehen, wenn ich mich nicht vom Fleck rührte?

Zu der Zeit war ich Berufspendlerin, verbrachte die Wochenenden in der Lüneburger Heide und die Arbeitstage in Frankfurt. Jetzt also mit Küken. Montags in aller Frühe wurde es in ein Tuch gewickelt, in einen Schuhkarton gepackt und mit dem ICE in die große Stadt gefahren. Tuch und Dunkelheit täuschten ihm die Nacht vor, also schlief es ruhig im Karton. Bis irgendwann in regelmäßigen Abständen ein feines Piepen im Abteil zu hören war: Bist du da? Ich bin wach. Ich schob meine Hand in die Kiste, die Laute wurden leise und glücklich. Wie beschreibt man Kükenlaute? Aus einem einzelnen lauten Hier-bin-ich-Piep in regelmäßigen Abständen wird ein herzerwärmendes Trillern in höchster Zufriedenheit. Meine Sorge, die Aufmerksamkeit der Mitreisenden auf mich zu ziehen, war unbegründet. Solche Töne in einem Zugabteil scheinen zu fremd zu sein, um überhaupt wahrgenommen zu werden. Mit einer Ausnahme: Eine einzelne Reisende, eine ältere Dame, erkannte sie sofort und rief durch den ganzen Wagen: »Hier ist ein Vogel.«

Ein Küken aufzuziehen ist mühsam. Nicht das Füttern, das ist einfach. Man klopft mit dem Zeigefinger auf den Boden und schon ist es da und pickt, was man ihm zeigt. Dass es überall Kothäufchen fallen lässt, nun gut, mit einem Tuch ist das schnell beseitigt. Aber es will immer mit von der Partie sein. Man geht duschen, Küken fürchtet sich. Man will kochen, Küken rennt zwischen den Füßen herum. Man will lesen, Küken will Aufmerksamkeit. Zur Arbeit konnte ich es nicht mitnehmen. Das einsame Rufen empfing mich zum Feierabend schon im Treppenhaus. Nach ein paar Wochen half glücklicherweise eine frisch verliebte Bekannte aus, die mit ihrer neuen Flamme ein paar ungestörte Tage auf dem Land verbringen wollte und es mitnahm. Bei der Beziehungsanbahnung leistete das Küken zwar keine guten Dienste, aber für mich war die größte Hürde genommen, denn so war die Zeit bis zu meinem Urlaubsbeginn überbrückt. Danach war das Küken endlich groß genug, um allein in der Hühnerschar zu überleben.

Menschen sind voller Widersprüche. Wir können die größten Anstrengungen unternehmen, um ein einzelnes Tier zu retten, und gleichzeitig billiges Fleisch im Discounter kaufen, wohl wissend, dass dieses Tier ein kurzes, schlechtes Leben hatte. Für die meisten von uns ist der völlige Verzicht auf Fleisch keine Option, aber jeder kann und muss sich die Frage stellen, wie das Tier, das er isst, gelebt hat und wie es getötet wurde.

Heute halte ich eine kleine Schar Vorwerkhühner, die im Frühjahr ihre Küken ausbrüten und sich den Sommer über im Garten tummeln. Im Herbst werden auch bei mir die überzähligen Hähne geschlachtet und manchmal auch die alten Hennen, damit die Gruppe nicht zu groß wird und gut durch den Winter kommt. Viele meiner Bekannten wundern sich, dass ich meine eigenen Hühner esse, obwohl sie mir so vertraut sind. Aber mir ist wichtig, nur Fleisch von Tieren zu essen, die ein gutes Leben und einen schnellen Tod hatten. »Essen, was man retten will« ist das Motto der Gesellschaft zur Erhaltung alter und gefährdeter Haustierrassen e. V. (GEH): Es klingt widersprüchlich, ist aber in meinen Augen der richtige Weg, um Hühner in ihrer ganzen Vielfalt zu erhalten.

Trotzdem kann ich natürlich verstehen, dass man seine eigenen Hühner nicht töten und essen will, auf sie verzichten muss man deshalb nicht. Zur Hühnerhaltung braucht es nicht viel, ein trockener Stall und etwas Auslauf im Garten, und schon können die Hühner einziehen. Zum Schlafen gibt es eine Sitzstange und zum Eierlegen eine Kiste mit Stroh. In den letzten Jahren haben sich viele Menschen für Hühner entschieden, und das hat gute Gründe. Es macht Spaß, sich mit ihnen zu beschäftigen und zu beobachten, mit welcher Inbrunst sie ihr Leben genießen. Und Eier von den eigenen Hühnern schmecken einfach besser.

Auf den folgenden Seiten stelle ich neben dem wilden Urahn der Haushühner, dem Bankivahuhn, typische Haushuhnrassen vor, um einen kleinen Einblick in ihre Vielfalt und ihre kulturelle Nutzung zu geben, ob als flinke Kämpfer oder extravagante Zierhühner, agile Legehennen oder schwere Masthühner. Wer die passenden Hühner für sich sucht, findet hier Anregungen und in der weiterführenden Literatur Buchempfehlungen zur richtigen Haltung.

Asil
Gallus gallus domesticus

Aseel
Asyl

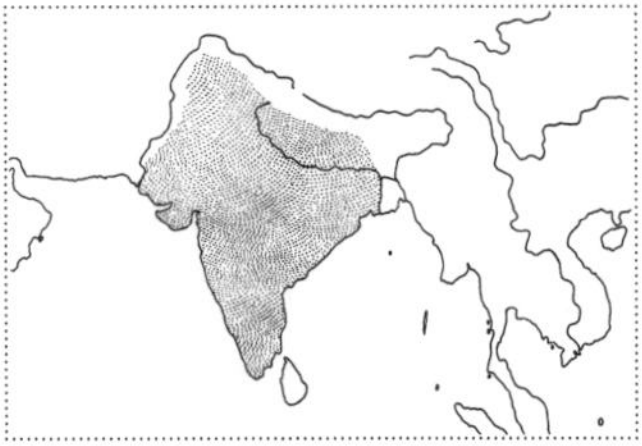

Asil bedeutet auf Hindi ›hochgeboren‹ und wurde für Hühner verwendet, die sich durch eine aufrechte Brust, hohe Schultern und einen markanten Kopf für den Kampfsport auszeichneten. Indische Fürstenhäuser züchteten ihre eigenen Asil-Typen, etwa das Rajah Asil, in Deutschland nur als Asil bekannt, oder das schwere Madras Asil, das hier als Madras anerkannt ist. Diese indischen Kampfhühner gehören zu den ältesten Züchtungen weltweit.

Legendär ist der Hahnenkampf vom 5. April 1784 im indischen Lucknow, dargestellt von Johan Zoffany in *Colonel Mordaunt's Cock Match*, bei dem die rotbunten Asil von Asaf-ud-Daula, Herrscher von Avadh, gegen die englischen Kampfhähne von Colonel Mordaunt von der britischen Ostindien-Kompanie antraten und sie vollständig besiegten. Diese schmachvolle Niederlage stachelte den Ehrgeiz der englischen Züchter an. Sir Walter Gilbert kreuzte um 1820 schnelle Altenglische Kämpfer mit ausdauernden Asil und nannte die Kreuzung Indian Game. In Deutschland sind sie als Indische Kämpfer bekannt, in den USA nach ihrer Herkunft aus der Grafschaft Cornwall als Cornish Game. Mit ihrem massigen, breiten Rumpf auf kurzen Beinen sehen sie zwar aus wie grimmige Bulldoggen, wurden aber nie als Kämpfer eingesetzt, da die gedrungenen Cornish weder wendig noch ausdauernd sind. Trotzdem wurden sie eine der erfolgreichsten Züchtungen, denn als amerikanische Kreuzung mit dem Plymouth Rock wurden sie zum Cornish Rock, der als Masthybride weltweit Verbreitung fand.

♂

Bressehuhn
Gallus gallus domesticus

Bresse Gauloise
Bresse-Gauloise

Fährt man entlang der Côte-d'Or mit ihren Rebstöcken für die edlen Weine des Burgund weiter nach Süden, durchquert man die eher dünn besiedelte Region Bresse. Hier, ganz im Osten Frankreichs, gibt es Geflügel, das unter Feinschmeckern berühmt ist. *Terroir* heißt das Zauberwort, das die Verbindung eines Lebensmittels mit seiner Region und damit mit dem Boden, dem Klima und der Kunstfertigkeit der Menschen bezeichnet. Das Bressehuhn trägt die Farben der Trikolore, denn nur ein Tier der Rasse Bresse-Gauloise mit weißem Gefieder, rotem Kamm und blauen Beinen darf sich so nennen. Bereits 1826 beschrieb der Feinschmecker Brillat-Savarin die Hühner aus der Bresse und die »Teufelskünste«, die sie zu diesem berühmten Leckerbissen machen. Heute werden hier jährlich fast eine Million Hühner in 160 Betrieben aufgezogen, in kleinen Gruppen und mit viel Platz auf den Wiesen. Nach fünf Monaten werden sie als Poulet oder Poularde verkauft, ein sehr kleiner Teil als Kapaune, also als kastrierte Hähne, die mit acht Monaten geschlachtet werden. Am Ende der Mastzeit werden die Tiere für zwei Wochen in Holzkäfigen gehalten und mit einem Brei aus Mais und Milch gefüttert, um ein zartes und saftiges weißes Fleisch zu erhalten. Der Kapaun wird hier sogar vier Wochen lang ›veredelt‹, damit sein Fleisch am Ende von feinen Fettadern durchzogen ist. Nach der Schlachtung wird er in Leinen eingenäht, damit sich das Fett unter dem straff gespannten Tuch gleichmäßig unter der Haut verteilen kann. *L'objet parfait* nennen ihn die Franzosen stolz.

Cochin
Gallus gallus domesticus

Cochin
Poule Cochin

Charles Darwins Überzeugung, dass alle Haushühner von einer einzigen Wildart, dem Bankivahuhn, abstammen, geriet ins Wanken, als 1842 erstmals Exemplare des sogenannten Cochin-China nach England gebracht wurden. Hatte der holländische Ornithologe Temminck doch recht mit seiner Hypothese eines *Gallus giganteus*, das ebenfalls Vorfahr des Haushuhns sein sollte? Anders schien die Existenz dieser imposanten Vögel nicht erklärbar, die alles in den Schatten stellten, was man bisher im Westen kannte. Heute vermutet man, dass Temminck anhand eines Beines eines indonesischen Kampfhahns irrtümlich auf eine Wildart geschlossen hat. Trotzdem taucht *Gallus giganteus* noch immer wie das Ungeheuer von Loch Ness auf, wenn von den Vorfahren des Haushuhns die Rede ist. Cochinchina war die Bezeichnung für den Süden Vietnams, aber der eigentliche Ursprung dieser Rasse liegt wahrscheinlich an der Ostküste Chinas in der Nähe der Stadt Shanghai, und nicht nur der Name hat sich mehrfach geändert, auch das Erscheinungsbild hat sich fast 200 Jahre nach ihrer Einführung in Europa völlig gewandelt. Statt der schlank aufragenden ersten Exemplare aus dem Besitz von Queen Victoria ähneln sie heute mit ihrem üppigen, weichen Gefieder bis zu den Zehen und der gedrungenen, rundlichen Körperform eher einem knuffigen und mit rund fünf Kilogramm auch sehr voluminösen Federkissen. Was ihrem Schauwert keinen Abbruch tut, im Gegenteil. Die sanften Riesen sind auch heute noch die Lieblinge auf der Geflügelschau.

♀

Italiener
Gallus gallus domesticus

Leghorn
Poule de Livourne / Leghorn

Als Otto Knispel um 1900 im Auftrag der Deutschen Landwirtschafts-Gesellschaft den Bestand an Nutzgeflügel erfasste, stellte er fest, dass die Hälfte aller Legehennen einer neuen Rasse angehörte, die es erst seit 30 Jahren in Deutschland gab, das rebhuhnfarbige Italienerhuhn. So hat bis heute jedes Kind, das einen Hahn auf dem Misthaufen malt, ein Exemplar des Italieners vor Augen: seine elegante, aufrechte Erscheinung mit dem dunkelrot-schwarzen Gefieder und langen Schwanzfedern, leuchtend rot der große Kamm mit fünf Zacken, weiß die Ohrscheiben, gelb der Schnabel und die unbefiederten Beine. Die Henne tritt dagegen deutlich gedeckter auf.

Als Italiener kennt man sie nur in Deutschland. In Italien, wo sie im 19. Jahrhundert aus alten Landrassen gezüchtet wurde, die noch auf die Römerzeit zurückgehen, nennt man sie Livornese, aus Livorno stammend – eine Hafenstadt in der Toskana. Da sich die Rasse in Europa als Reimport aus den USA durchgesetzt hat, ist sie fast überall als Leghorn bekannt, der englischen Bezeichnung für Livorno. Als gute Futtersucher erkunden sie gerne ihre Umgebung, können recht gut fliegen und graben in Windeseile jedes Beet um. Ihre hohe Legeleistung hat dazu geführt, dass vor allem das White Leghorn zur Ausgangszüchtung für die meisten Legehybriden wurde, die heute weltweit zu finden sind. So stecken paradoxerweise die Gene eines besonders agilen Huhns, das Beschäftigung sucht und sich schnell langweilt, in den modernen kommerziellen Legelinien.

Paduaner

Gallus gallus domesticus

Polish
Padoue

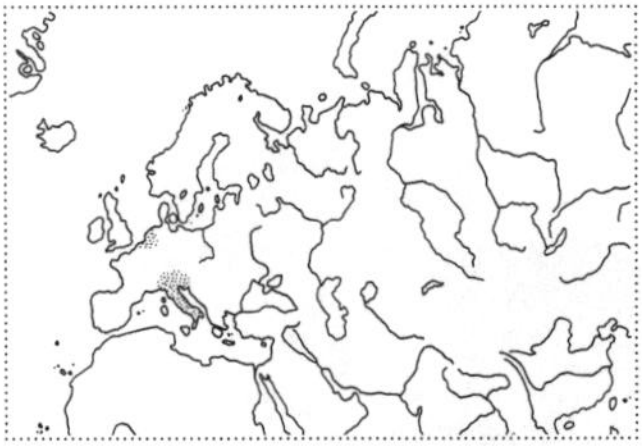

Charles Darwin bezeichnete alle Haubenhühner als *polish breed*, wobei Polish auch die englische Bezeichnung des Paduaners ist. Haubenhühner gehören zu den ältesten Zuchtformen, sogar in einer spätantiken Tempelanlage im Südwesten Englands fand man einen der für sie typischen aufgewölbten Schädel. Über ihre genaue Herkunft gibt es verschiedene Vermutungen. Trotz der Bezeichnung Polish ist eine Herkunft aus Osteuropa unwahrscheinlich. Ein Zentrum der Zucht war seit dem 15. Jahrhundert die italienische Provinz Padua mit dem Städtchen Polverara, das das nahe verwandte gleichnamige Haubenhuhn im Wappen trägt. Auch holländische Züchter trugen viel zu dem markanten Erscheinungsbild bei, das auf Gemälden aus dieser Zeit zu sehen ist. Bei den Paduanern tragen nicht nur beide Geschlechter die markante Haube, sondern anstelle der Kehllappen auch einen kräftigen Bart. Die agilen Tiere halten ihren Kopf aufgerichtet und »beweisen gleichsam einen innerlichen Stolz«, wie Conrad Gesner schreibt, der allerdings auch anmerkt, dass sie mit ihrer durch den Kopfputz eingeschränkten Sicht leichte Beute für Greifvögel sind. Obwohl Paduaner gute Eierleger sind, gelten sie eher als Ziergeflügel, das sich in einer Reihe von schönen Farbschlägen präsentiert, die ein- oder mehrfarbig mit gesäumten Federn sein können. Und obwohl sie zu den ältesten und eindrucksvollsten europäischen Züchtungen gehören, sind sie heute in ihrem Bestand stark gefährdet.

Seidenhuhn
Gallus gallus domesticus

Silkie
Poule Soie

In seinem berühmten Reisebuch beschreibt Marco Polo Ende des 13. Jahrhunderts seltsame Hühner, die es in der südchinesischen Stadt Quenlinfu im Königreich Mangi geben soll. Sie hätten ein Fell wie Katzen und seien ganz schwarz, legten aber Eier wie andere Hühner und schmeckten vorzüglich. Später berichtet Conrad Gesner in seinem *Vogelbuch* von Wollhühnern, erwähnt aber neben den schwarzen Hühnern des Marco Polo auch die schneeweißen Hühner aus der Stadt Fuch, »gegen Aufgang gelegen«. Tatsächlich ist das sogenannte Japanische Seidenhuhn mit weißem Gefieder und schwarzer Haut, Schnabel, Knochen und Fleisch heute die häufigste Zuchtform.
Die starke schwarze Pigmentierung ist das Ergebnis einer Genmutation, die nach Ansicht von Forschern auf einen einzigen Vogel zurückgeht, der vor Hunderten oder gar Tausenden von Jahren gelebt haben könnte. Diese Fibromelanosis tritt bei sehr wenigen Hühnerrassen auf, etwa bei dem vollständig schwarzen Ayam Cemani aus Indonesien.
Die schwarze Farbe ist angsteinflößend, aber das dunkle Fleisch dieser Tiere gilt in asiatischen Ländern als Delikatesse. Dass die zierlichen Seidenhühner außerdem aussehen, als trügen sie ein Fell, liegt daran, dass ihnen die Häkchen fehlen, die sonst die Federfahnen zusammenhalten und festigen. Sie sind nicht nur wegen ihres ungewöhnlichen Aussehens beliebt, sondern auch wegen ihrer Robustheit und ihres zutraulichen Wesens, das sie zu echten Familienhühnern macht.

♀|♂

Federfüßiges Zwerghuhn
Gallus gallus domesticus

Booted Bantam
Bantam bottée

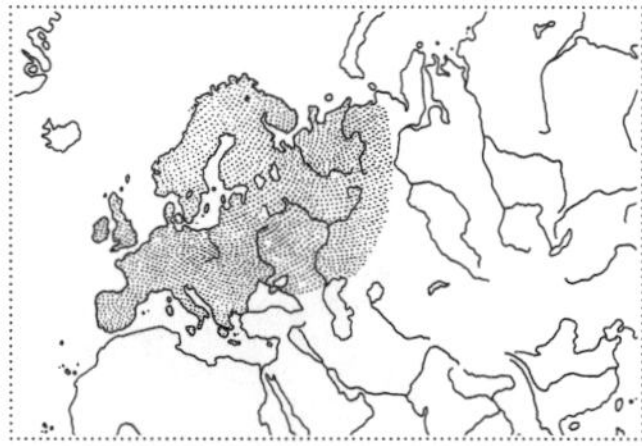

Lotte, die Heldin meiner kleinen Geschichte, war ein Federfüßiges Zwerghuhn. Sie hatte ein helles Gefieder, betupft mit den charakteristischen *mille fleurs* – tausend Blumen –, einen Backenbart und große Federlatschen. Ihre Eier waren etwas kleiner, aber deutlich intensiver im Geschmack als die von großen Hühnern. Das Federfüßige Zwerghuhn ist eine alte europäische Rasse und gehört zu den wenigen, die nur in kleiner Form existieren, ein sogenannter Urzwerg. Schon in der Antike beschreibt Aristoteles neben den edlen Kampfhühnern und den gewöhnlichen Hofhühnern auch Zwerghühner, die aus der Stadt Adria kommen, also von den Etruskern stammen könnten. Es gebe sie in allen Farben und sie legten manchmal zwei Eier am Tag, behauptet er, seien aber bösartig und töteten oft ihre Jungen. Wann die ersten asiatischen Zwerghuhnrassen nach Europa kamen, ist nicht bekannt. Möglicherweise wurden sie mit dem regelmäßigen Schiffsverkehr der Engländer und Holländer ab 1600 im Hafen von Bantam in Indonesien als Frischfleischlieferant an Bord genommen und gelangten teilweise lebend nach Europa. Spätestens im 18. und 19. Jahrhundert wurden sie mit dem allgemeinen Interesse an der Rassegeflügelzucht auch in Europa und den USA populär. Bantam wurde schließlich zur Sammelbezeichnung für alle Zwerghühner, denn man kreuzte die asiatischen Zwerghühner ein, um die Großrassen zu ›bantamisieren‹. Berühmte asiatische Urzwerge sind das rosenkämmige Bantam, das kurzbeinige Chabo oder das buddhistisch gelbe Nankin.

♀

Bankivahuhn

Gallus gallus

Red junglefowl
Coq doré

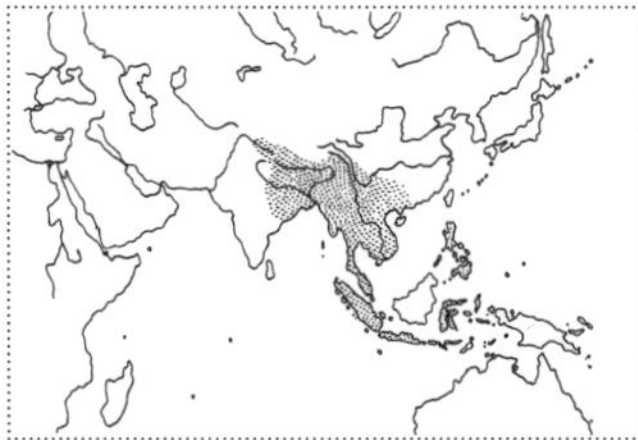

Bankivahühner, die wilden Vorfahren aller Haushühner, sind in fünf lokalen Unterarten in ganz Süd- und Südostasien verbreitet. Sie leben in Herden von bis zu 50 Tieren, meist Hennen und mehrere Hähne, vorwiegend in halboffenen Landschaften, die ihnen Deckung vor Angriffen aus der Luft bieten. Als gute Kurzstreckenflieger können sie sich vor Bodenfeinden in Sicherheit bringen und ihre Schlafbäume erreichen. Sie haben eine Rangordnung und verständigen sich mit Lauten, die denen der Haushühner ganz ähnlich sind. Ihre Nahrung suchen sie am Boden, wo sie Gras fressen und mit ihren kräftigen, schwarzbeschuppten Füßen – drei Zehen nach vorne, eine kleine nach hinten – nach Samen und Insekten scharren.

Die Bankivahenne ist in ihrer typischen goldbraunen Färbung gut getarnt. Deutlich prächtiger ist der Bankivahahn mit seinen käferartig schillernden schwarzen Schwanz- und Bauchfedern und den mehrfarbig abgesetzten Hals-, Rücken- und Flügelfedern, mit dem großen, gezackten Einfachkamm und den roten Kehllappen. Im Gegensatz zum Haushahn trägt er sein Prachtkleid jedoch nur in der Brutzeit, danach tauscht er den goldenen Halsbehang gegen kurze schwarze Federn, wirft die langen Schwanzfedern ab, und auch der Kamm wird blasser. Während der Paarungszeit erkämpfen sich die Hähne einzelne Reviere mit drei bis fünf Hennen. Diese legen ein- bis zweimal im Jahr sechs bis zwölf Eier in gut versteckte Bodennester, brüten drei Wochen und ziehen dann ihre Küken alleine auf.

Anmerkungen

VOM EI

1 Peter Sloterdijk: *Sphären I Blasen,* Frankfurt/Main 1998, S. 330 f.
2 Änne Bäumer-Schleinkofer: *Die Geschichte der beobachtenden Embryologie. Die Hühnchenentwicklung als Studienobjekt über zwei Jahrtausende,* Frankfurt/Main 1993, dort auch zur Präformationslehre in Konkurrenz zur hier skizzierten Epigenese.
3 Aristoteles: *Tierkunde,* in: ders., *Die Lehrschriften,* hg. von Paul Gohlke, Band 8, 1, Paderborn 1957, S. 248–251.
4 Christian Ludwig Brehm, Heinrich Felix von Gourcy-Droitaumont: *Handbuch für den Liebhaber der Stuben-, Haus- und aller der Zähmung werthen Vögel: enthaltend die genauesten Beschreibungen von 200 europäischen Vögelarten und eine gründliche, auf vielen neuen Beobachtungen beruhende Anweisung, die in- und ausländischen Vögel zu fangen, einzugewöhnen, zu füttern, zu warten, fortzupflanzen, vor Krankheiten zu bewahren und von denselben zu heilen,* Ilmenau 1832, S. 379.

TISCHGENOSSEN

1 Joris Peters gehört zu einem internationalen Forschungsteam, das in zwei kürzlich veröffentlichten Studien die Domestikationsforschung des Huhnes auf ein neues Fundament gestellt hat: J. Peters, O. Lebrasseur, E. K. Irving-Pease u. a.: »The biocultural origins and dispersal of domestic chickens«, in: *Proceedings of the National Academy of Sciences.* 119/24 (2022). Die zweite Studie läuft unter der Federführung von Julia Best von der Universität in Cardiff: J. Best, S. Doherty, I. Armit u. a.: »Redefining the timing and circumstances of the chicken's introduction to Europe and north-west Africa«, in: *Antiquity* 96/388 (2022), S. 868–882.
2 *Die Naturgeschichte des Cajus Plinius Secundus*, ins Deutsche übersetzt und mit Anmerkungen

versehen von G. C. Wittstein, Leipzig 1881, Zehntes Buch, Abschnitt 76, S. 273.

3 Übersetzung nach Symon Semeonis: *The Journey of Symon Semeonis from Ireland to the Holy Land,* in: *CELT: Corpus of Electronic Texts.* A project of University College, Cork, Ireland 2017, S. 89 f. {https://celt.ucc.ie/published/T300002-001.html}, letzter Aufruf 16. 10. 2023.

4 Balthasar de Monconys: *Voyages de M. de Monconys,* Band 1, Paris 1695, S. 463–465.

5 Claude Sicard: *Remarques sur les fours a poulets,* in: *Lettres édifiantes et curieuses: Memoires du Levant,* Toulouse, Neuausgabe 1810, Band 5, S. 347–353.

PERSERVÖGEL

1 *Avesta. Die heiligen Schriften der Parsen,* übersetzt von Friedrich Spiegel, Leipzig 1852, 18. Fagard, Vers 67–69, S. 233 f.

2 Clifford Geertz: »›Deep play‹: Bemerkungen zum balinesischen Hahnenkampf«, in: ders., *Dichte Beschreibung. Beiträge zum Verstehen kultureller Systeme,* Frankfurt/Main 1997, S. 202–260.

VILLENWIRTSCHAFT

1 Marcus Tullius Cicero: *Über die Wahrsagung / De divinatione,* herausgegeben, übersetzt und erläutert von Christoph Schäublin, Berlin 2013, 2. Buch [75], S. 205.

2 Lucius Iunius Moderatus Columella: *Zwölf Bücher über Landwirtschaft,* Band II, Berlin, Boston 1982, Achtes Buch, 1. Kapitel, S. 231.

HÜHNERFIEBER

1 Übersetzt nach George P. Burnham: *The History of the Hen Fever. A Humorous Record,* Boston 1855, S. 21.

2 Ebd., S. 309.

3 Wer mehr über Amerikaner und ihre besondere Beziehung zum Huhn erfahren möchte, dem sei unbedingt der skurrile Dokumentarfilm *The Natural History of the Chicken* von Mark

Lewis empfohlen: {www.youtube.com/watch?v=TNww6iP2jmI}, letzter Aufruf 16.10.2023.

4 Der bisherige Stammbaum findet sich unter {www.labiomista.be/en/ccp}, letzter Aufruf 16.10.2023.

TIERMASCHINEN

1 Über die finale Runde im *Chicken-of-Tomorrow*-Wettbewerb findet sich im Internet ein kurzer Lehrfilm von 1948, produziert vom Komitee selbst: {archive.org/details/Chicken01948}, letzter Aufruf 16.10.2023.

EINE FRAGE DER HALTUNG

1 Das Zitat folgt aufgrund seiner Kompaktheit dem parallel erschienenen Artikel »Zum Schlachten geboren« im *Spiegel* vom 28. September 1973.

2 Hermann Franz: *Die Landwirthschaft in Thüringen und ihre Entwickelung in den letzten fünfzig Jahren,* Berlin 1896.

3 Wittmann, Barbara: »Vom Mistkratzer zum Spitzenleger. Stationen der bundesdeutschen Geflügelwirtschaft 1948–1980«, in: Lukasz Nieradzik, Brigitta Schmidt-Lauber (Hg.): *Tiere nutzen. Ökonomien tierischer Produktion in der Moderne. Jahrbuch für Geschichte des ländlichen Raumes,* St. Pölten 2016, S. 134–153, hier: S. 138.

4 Siegfried Scholtyssek: »Tierhaltung – Tierschutz – Tierquälerei«, in: *DGW* 18 (1966), S. 370, zit. n. Wittmann, »Mistkratzer«, S. 145.

5 H. Graf Hardenberg: »Gleichberechtigung auf dem europäischen Geflügelmarkt«, in: *MDLG* 80 (1965), S. 1721, zit. n. Karl Christian Führer: *Das Fleisch der Republik. Ein Lebensmittel und die Entstehung der modernen Landwirtschaft in Westdeutschland 1950–1990,* Berlin/Boston 2022, S. 266.

WIE ES IST, EIN HUHN ZU SEIN

1 Cord Riechelmann: »Von Hackordnung und Hahnenkampf«, in: *Jungle World* 4 (2008).

2 Es gibt dazu mehrere eindrucksvolle Lehrfilme, die vom Institut für den wissenschaftlichen Film in Göttingen veröffentlicht wurden. Sie sind im Medienbestand der Technischen Informationsbibliothek online einsehbar {https://av.tib.eu}, letzter Aufruf 16. 10. 2023.

3 Erich Baeumer: »Lebensart des Haushuhns, dritter Teil – über seine Laute und allgemeine Ergänzungen«, in: *Zeitschrift für Tierpsychologie* 19 (1962), S. 394–416, hier: S. 415 f.

4 Ich beziehe mich im Folgenden auf die Zusammenstellung der Ergebnisse in Christine Nicol: *The behavioural biology of chickens,* Oxfordshire 2015. Christine Nicol ist Professorin für Tierwohl an der Londoner Universität und die wohl wichtigste Verhaltensforscherin des Haushuhns.

Weiterführende Literatur

Aristophanes: ***Die Vögel***, in: ders., *Sämtliche Komödien,* übertragen von Ludwig Seeger, Zürich 1968.

Aristoteles: ***Tierkunde,*** in: ders., *Die Lehrschriften,* hg. von Paul Gohlke, Band 8, 1, Paderborn 1957.

Aristoteles: ***Von der Zeugung und Entwickelung der Thiere,*** übersetzt und kommentiert von H. Aubert und F. Wimmer, Leipzig 1868.

Lucius Iunius Moderatus Columella: ***Zwölf Bücher über Landwirtschaft,*** Band II, Berlin, Boston 1982.

Charles Darwin: ***Der Ursprung der Arten durch natürliche Selektion,*** übersetzt von Eike Schönfeld, Stuttgart 2018.

Erich Baeumer: ***Das dumme Huhn. Verhalten des Haushuhns,*** Stuttgart 1964.

Joseph Barber: ***Das Huhn. Geschichte, Biologie, Rassen,*** Bern 2013.

Karl Christian Führer: ***Das Fleisch der Republik. Ein Lebensmittel und die Entstehung der modernen Landwirtschaft in Westdeutschland 1950–1990,*** Berlin/Boston 2022.

Conrad Gesner: ***Vogelbuch,*** Nachdruck der Ausgabe von 1669, Hannover 1981.

Ruth Harrison: ***Tiermaschinen,*** München 1965.

Steffen Hoy (Hg.): ***Nutztierethologie,*** Stuttgart 2009.

Andrew Lawler: ***Why did the chicken cross the world? The epic saga of the bird that powers civilisation,*** New York 2014.

Armand Marie Leroi: ***Die Lagune oder wie Aristoteles die Naturwissenschaften erfand,*** Darmstadt 2017.

Christine J. Nicol: ***The behavioural biology of chickens,*** Oxfordshire 2015.

Emelyn Rude: ***Tastes like chicken. A history of America's favorite bird,*** New York 2016.

Katrin Juliane Schiffer, Carola Hotze: ***Hühner halten. Artgerecht und natürlich,*** Stuttgart 2017.

Horst Schmidt: ***Hühner und Zwerghühner. Handbuch Zier- und Rassegeflügel,*** Stuttgart 1999.

Veronika Settele: ***Deutsche Fleischarbeit. Geschichte der Massentierhaltung von den Anfängen bis heute,*** München 2022.

Frank Uekötter: ***Die Wahrheit ist auf dem Feld. Eine Wissensgeschichte der deutschen Landwirtschaft,*** Göttingen 2010.

Esther Verhoef, Aad Rijs: ***The complete encyclopedia of chickens,*** Lisse 2003.

Barbara Wittmann: ***Intensivtierhaltung. Landwirtschaftliche Positionierungen im Spannungsfeld von Ökologie, Ökonomie und Gesellschaft,*** Göttingen 2021.

Abbildungs-verzeichnis

Seite 51 *Galli – Haanen*, in: Ibn Butlân: *Tacuinum sanitatis*, illustrierte Ausgabe von ca. 1450.

Seite 54 Samuel Read: Her Majesty's Cochin China Fowls, in: *The Illustrated London News*, 23. Dezember 1843.

Seiten 58/59 *Hühner*. Lithografie von 1895, in: *Meyers Konversations-Lexikon*, Leipzig [5]1895.

Seite 62 d'Haite: *Chickens near a Water Trough*, 19. Jh. © The Bowes Museum, Barnard Castle, UK.

Seite 65 Postkarte aus Petaluma, 1923, Sonoma County Library.

Seite 68 Plakat für den Chicken-of-tomorrow-Wettbewerb, John E. Weidlich Collection at USDA.

Seiten 71 Wachsmodell des »idealen« Huhns, o. J.

Seite 74 »Industry, Agriculture, Poultry – Chicks«, in: *Daily Herald*, 1950.

Seite 78 Ben Austrian: *Motherhood*, 1897.

Seiten 82/83 Doug Argue: *Untitled (Chicken Painting)*, 1994 © Galerie Sylvia Kovacek, Wien.

Seite 88 »Chicken wearing contact lenses«, in: *Daily Herald*, 1963.

Seite 91 Melchior d'Hondecoeter (zugeschrieben): *Der tote Hahn*, um 1670.

Seite 95 Melchior d'Hondecoeter: *Küken*, ca. 1665–1668.

Seite 100 Frans Snyders: *Der Hahnenkampf*, 1615.

Seite 104 Agr Poultry, in: *TimeLife*.

Seite 108 Jules Joseph Augustin Laurens (nach Juliette Bonheur), *Studies van tien koppen van verschillende kippen*, 1865–1878.

Seite 110 Lucia Regolin, Oxfordshire 2015 © Lucia Regolin.

Seite 114 Jacob Maris: *Hühner füttern*, 1866.

Seiten 121–135 Illustrationen von Falk Nordmann, Berlin 2024.

Nicole Gronemeyer, 1969 auf einem Bauernhof in Niedersachsen geboren und aufgewachsen, ist Lektorin für Sachbücher und lebt in Berlin und Brandenburg. Nach ihrem Studium der Kulturwissenschaften wurde sie mit einer Arbeit zu naturmagischen Schriften der Frühen Neuzeit an der Johann Wolfgang Goethe-Universität Frankfurt am Main promoviert.

NATURKUNDEN № 103
Erste Auflage Berlin 2024

NATURKUNDEN
herausgegeben von Judith Schalansky
erscheinen bei Matthes & Seitz Berlin
ermöglicht durch Jan Szlovak, Hamburg

EINBAND UND TYPOGRAFIE Pauline Altmann, Palingen
nach einem Entwurf von Judith Schalansky
TITELILLUSTRATION Pauline Altmann, Palingen
SCHRIFT Ingeborg von Michael Hochleitner/Typejockeys
LITHOGRAFIE Tomas Mrazauskas, Berlin
HERSTELLUNG Hermann Zanier, Berlin
PAPIER 100 g/m² Fly 04 hochweiß, 1,2-faches Volumen
EINBANDMATERIAL Napura® Khepera von
Winter & Company GmbH, Lörrach
DRUCK UND BINDUNG Pustet, Regensburg

ISBN 978-3-7518-4014-9

www.naturkunden.de
www.matthes-seitz-berlin.de